王威｜著

Premiere
视频制作
入门与实战

化学工业出版社
·北京·

内 容 提 要

本书采用项目实践的形式，对 Premiere 视频制作进行了详细介绍，共分 7 章：视频制作概述、Premiere 基本剪辑流程、Premiere 界面和基本素材导入、Premiere 剪辑与制作、Premiere 调色和特效、声音处理和字幕添加、视频作品综合案例实战。全书通过当下热门的抖音卡点短视频、Vlog、淘宝商品短视频等 22 个案例，通俗而生动地讲解 Premiere 在视频制作中的基本知识和创作方法，包括多类视频的制作流程、剪辑的基本规则、镜头衔接的常用技巧、画面特效的技巧、视频的整体把握等，力求使初学者能够轻松而有效地理解和体会各种视频创作要素，并将它们灵活地运用在自己的实践之中。书中附有 22 个案例成片以供参考，可扫描书中二维码获取。同时，扫码可以获得学习助手、读者交流群等线上服务，有助于更好、更快地提高视频制作能力。

本书可作为高等院校影视动画、影视编导、广告学、新闻学、数字媒体艺术、视觉传达设计等专业的教学用书，也可作为相关机构的培训用书、视频制作爱好者及从业者的自学教程。

图书在版编目（CIP）数据

Premiere 视频制作入门与实战 / 王威著. — 北京：
化学工业出版社，2020.7（2023.1 重印）
 ISBN 978-7-122-36661-0

Ⅰ. ①P… Ⅱ. ①王… Ⅲ. ①视频编辑软件 Ⅳ.
①TP317.53

中国版本图书馆 CIP 数据核字（2020）第 079546 号

责任编辑：张　阳　　　　　　　　　美术编辑：王晓宇
责任校对：杜杏然　　　　　　　　　装帧设计：水长流文化

出版发行：化学工业出版社（北京市东城区青年湖南街 13 号　邮政编码 100011）
印　　装：北京瑞禾彩色印刷有限公司
787mm×1092mm　1/16　印张 9¼　字数 250 千字　2023 年 1 月北京第 1 版第 5 次印刷

购书咨询：010-64518888　　　　　　　售后服务：010-64518899
网　　址：http://www.cip.com.cn
凡购买本书，如有缺损质量问题，本社销售中心负责调换。

定　　价：59.80 元　　　　　　　　　　　　版权所有　违者必究

前言

2019年6月，中国网络视听节目服务协会发布了《2019中国网络视听发展研究报告》。报告显示，截至2018年12月底，中国网络视频（含短视频）用户规模达7.25亿，占整体网民的87.5%。

大批传统纸媒体开始转型，例如新闻、报纸、杂志都开始尝试以视频的形式进行报道；越来越多的党政机关、企事业单位开始使用视频宣传片来宣传自己；电影、电视剧、网剧的数量也开始集中爆发；甚至短视频平台抖音、快手上的视频数量也呈几何倍数增长。

随着视频作品需求量的增加，越来越多的人投身到视频制作的行业中。

作为国内使用最广泛的视频剪辑制作软件，Adobe公司旗下的Premiere凭借其强大的功能、人性化的操作、极高的工作效率，几乎是所有影视制作人员学习的第一款视频剪辑制作软件。

Premiere是一款具有高扩展性、高效率和高精确性特征的视频剪辑制作软件。它支持来自多家供应商的多种不同类型的视频格式，能够让视频制作者的工作更快捷、更有创造力，而且无需转换媒体格式。Premiere这一整套功能强大、独一无二的工具，可以让使用者顺利克服在编辑、制作以及工作流程方面遇到的所有挑战，并交付满足用户要求的高质量作品。

重要的是，Premiere可以和Adobe公司旗下的多款软件，例如Photoshop、Illustrator、After Effects、Audition等无缝配合使用，极大地简化了工作流程，并提高了工作效率。

本书是针对Premiere初学者而撰写的，并以利于读者以自己的进度来学习作为出发点。作为初学者，你可以把Premiere看作是一个调皮的朋友，它很平易近人，你很容易就能和它玩到一起；但是，如果你不了解它的脾气、性格，它就很容易给你使绊。例如你明明就是按照正确的流程操作的，但出来的结果就是错的，这个时候就需要更加深入地学习，了解Premiere的各项特点，哪些操作是可行的，哪些操作是容易出错的，应该注意什么避免什么，这样Premiere才能越用越顺手。而要达到这样的境界，要逐步熟练掌握并驾驭Premiere，就必须通过大量且不间断的练习。

笔者接触Premiere软件有十多年的时间，期间参与过多部影视作品的制作，对Premiere的制作流程、要求和技术特点都很了解。此外，笔者在高校任教多年，一直在不断地通过教学累积经验，而本书正是这些年使用Premiere实践与教学的一个总结。本书中的实例全部都是在实践和教学过程中使用过且效果很好的案例，非常适用于Premiere初学者入门学习、操作练习。在理论的讲解中，由于Premiere中命令极为庞大，因此我们也抛弃了大部分在实战中应用不到或应用较少的命令，只对那些极其常用的命令进行集中讲解，这样可以使精力集中在这些比较重要的命令上，利于快速掌握Premiere的操作流程。

学会了Premiere影视剪辑以后能做什么呢？

① 抖音、快手等短视频：目前极为火爆的短视频平台，可以上传短视频进行分享甚至盈利；

② Vlog：用视频记录自己的生活；

③ 家庭、工作、会议记录：为自己增加职场的竞争力；

④ 淘宝产品小视频：随着电商的发展，商品展示短视频的需求量会越来越大；

⑤ 企业宣传片、广告片：很多企业开始尝试用短视频在新媒体上宣传；

⑥ 网络微电影：进行艺术创作。

影视剪辑的不同用途

如果自身具备较强的创作能力，可以考虑当个自由从业者，自己接单子来做。目前市场上对视频作品的需求量是很大的。创作者名气的大小、项目的制作周期、客户对视频的要求，都会影响到项目的报价，差距往往能达到几倍甚至几十倍。

如果想成为一名内容原创者，可以自己创作一些短视频，在抖音、快手、头条号等媒体上

第1章 视频制作概述

互联网时代自兴起以来，基本上可以分为以下三个时期。

以文字为主的2G时代： 以博客（Blog）、微博、Twitter为代表，主要由创作者们以文字为载体进行创作，供读者阅读。这是因为2G网速较慢，只能流畅地加载文字所致。

以图片为主的3G时代： 以微信朋友圈、Instagram为代表，创作者们以拍摄照片、绘制图像等形式，将图片上传，供网友们观看。而此时3G网络的网速已经可以流畅地加载图片。

以短视频为主的4G时代： 以抖音、快手、bilibili（B站）为代表，创作者们将自己拍摄、剪辑、制作完成的短视频上传，供网友们观看。此时的短视频以一两分钟甚至十几秒的时间长度为主，用于满足人们在碎片化时间对娱乐的需求。此时的4G已经足够支撑起视频文件的体积，使观众能流畅地观看短视频。

2019年，随着5G的普及被提上日程，网络速度将会大大增加。按照理论数据，5G的传输速率将可以实现1Gb/s，比目前4G的速度快十倍以上。这意味着使用5G技术下载一部1GB大小的高清电影仅仅需要10秒就可以完成。这也就意味着，视频文件的大小将不再是问题，高清视频、长视频时代或许就要到来了。

当视频作品再一次迎来发展高峰时，身处其中的我们，该如何迎合这次发展，进入视频制作这个行业呢？

1.1 视频作品的发展历史和规格要求

视频（**Video**）泛指将一系列静态影像以电信号的方式加以捕捉、记录、处理、储存、传送与重现的各种技术。当连续的图像变化超过每秒24帧（Frame）画面时，根据视觉暂留原理，人眼无法辨别单幅的静态画面，画面看上去会是平滑连续的视觉效果，这样连续的画面叫做视频。视频技术最早是为电视系统而发展的，但现在已经发展出各种不同的格式，以利于用户将动态画面内容记录下来。网络技术的发展也使得视频的记录片段能以串流媒体的形式存在于因特网之上，并可被电脑接收与播放。

1824年，皮特·马克·罗杰特（Peter Mark Roget）发现了重要的"视觉暂留"原理（Persistence of Vision），这是所有视频作品最原始的理论依据。

眼睛在看过一个图像的时候，该图像不会马上在大脑中消失，而是会短暂地停留一下，这种残留的视觉被称之为"后像"。视觉的这一现象则被称之为"视觉暂留"。

图像在大脑中"暂留"的时间大概为1/24秒，也就是说，如果做动画的话，每秒钟需要制作24张图，才能让观看者感觉动作很流畅。

1895年12月28日，在法国巴黎卡普辛路14号的大咖啡馆地下室，卢米埃尔兄弟●首次公开放映《火车进站》等影片，标志着电影艺术的诞生（图1-1）。

图1-1　卢米埃尔兄弟和《火车进站》电影

帧（Frame）就是影像作品中最小单位的单幅影像画面，相当于电影胶片上的每一格镜头。一帧就是一幅静止的画面，连续的帧会形成动态影像，也就是视频。通常说的帧数或帧频，简单地说，就是在1秒钟时间内传输图片的帧数，也可以理解为图形处理器每秒钟能够刷新几次，通常用fps（Frames Per Second）表示，也被译为"帧速率"。每一帧都是静止的图像，快速连续地显示帧就能够形成运动的假象。高的帧速率可以得到更流畅、更逼真的动画。每秒钟帧数（fps）越多，所显示的动作就会越流畅。

像素（Pixel）是影视作品、图片画面中最小的组成单位，它是以一个单一颜色小格的形式存在的。对于一部影视作品来说，像素的多少决定着画面清晰度。画面的总像素越多，画面也就越清晰。

随着网络带宽的增加以及视频压缩技术的进步，高清晰度的视频格式也越来越流行，一般在网络平台进行播映的话，就需要以高清视频（High Definition）的规格来进行制作，比较常见的有720p和1080p两种制式。达到720p以上分辨率的视频，是高清信号源的准入门槛，因此720p标准也被称为HD标准，而1080p则被称为Full HD（全高清）标准。

对于视频作品来说，常用的规格设置分为宽屏和竖屏两种。

宽屏视频主要用于宣传片、广告片、B站视频、腾讯视频、优酷视频等电脑、电视端，具体的规格设置如下。

720p：画面分辨率为1280×720像素，帧速率为25或30帧/秒。

1080p：画面分辨率为1920×1080像素，帧速率为25或30帧/秒。

竖屏视频主要用于抖音、快手等手机端App，具体的规格设置如下。

---

❶ 卢米埃尔兄弟，法国人，哥哥是奥古斯塔·卢米埃尔（Auguste Lumière，1862年10月19日—1954年4月10日），弟弟是路易斯·卢米埃尔（Louis Lumière，1864年10月5日—1948年6月6日），电影和电影放映机的发明人。

720p：画面分辨率为720×1280像素，帧速率为25或30帧/秒。

1080p：画面分辨率为1080×1920像素，帧速率为25或30帧/秒。

1.2 视频作品的应用领域 ▶▶▶

学会了视频创作以后能做什么呢？图1-2列出了几种常用的应用领域。

抖音、快手等短视频

Vlog

家庭、工作、会议记录

淘宝产品小视频

企业宣传片、广告片

纪录片、微电影

图1-2　视频创作的不同用途

（1）短视频

短视频是视频短片的简称，时间长度一般在5分钟以内，从几秒到几分钟不等，是在各种新媒体平台上播放的、适合在移动状态和短时休闲状态下观看的、高频推送的视频内容。短视频内容融合了技能分享、幽默搞怪、时尚潮流、社会热点、街头采访、公益教育、广告创意、商业定制等主题。由于内容较短，可以单独成片，也可以成为系列栏目。

作为一个极具前景的风口，短视频行业的规模将越来越大。中国网络视听节目服务协会发布的《2019中国网络视听发展研究报告》显示，网络视频（含短视频）是仅次于即时通讯的中国第二大互联网应用，短视频成为网络视频的生力军。截至2018年12月底，中国网络视频（含短视频）用户规模达7.25亿，占整体网民的87.5%。其中短视频用户规模6.48亿，网民使用率为78.2%。

不同于微电影和直播，短视频制作并不像微电影一样具有特定的表达形式和团队配置要求，具有生产流程简单、制作门槛低、参与性强等特点，又比直播更具有传播价值。超短的制作周期和趣味化的内容对短视频制作团队的策划以及文案功底有着一定的挑战。优秀的短视频制作团队通常依托于成熟运营的自媒体或IP，除了高频稳定的内容输出外，也有强大的粉丝渠道。此外，短视频的出现也丰富了新媒体原生广告的形式。

短视频有很多种表现形式，最容易实现的就是用卡点的形式进行影视混剪，这也是本书中要讲解的一种创作形式。简单来说，就是把各种电视剧、电影、动画片、影视素材等剪辑在一起进行二次创作。这种形式技术门槛不高，很适合初学者练习剪辑，如果能够紧跟热点，很容易在网络上热播。图1-3是学员在学习了本套教程后，使用电视剧《锦衣之下》剪辑的一部影视混剪作品，在B站达到了近百万的播放量，最高全站日排行第77名。

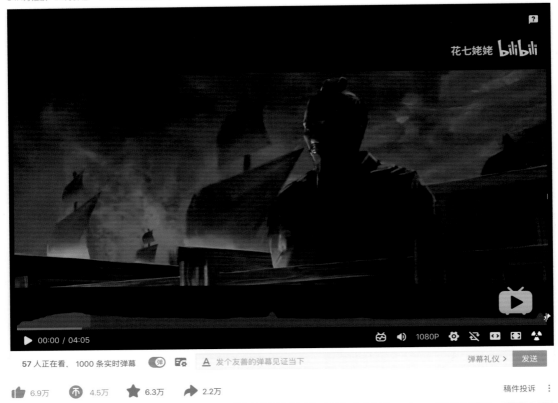

图1-3　影视混剪作品在B站的截图

(2) Vlog

Video Weblog或Video Blog的简称,源于"Blog"的变体,意思是"视频博客",也称为"视频网络日志",也是博客的一类。Vlog作者以动态影像代替文字或照片,写自己的个人网志,上传与网友分享。其主题非常广泛,可以是参加大型活动的记录,也可以是日常生活琐事的集合。

Vlog相对于短视频来讲,更倾向于记录非虚构的、个人的日常生活,也可以理解为用视频形式记录的个人日记。

在国外,经过六七年的积淀,Vlog已经成为成熟且有持续盈利模式的产品;但在中国,这还是一片"蓝海"。Vlog的创作者们被叫做Vlogger。中国最早的一批草根Vlogger是海外留学生,他们在借鉴国外Vlog创作方式的基础上开始了自身日常的生活记录,并把作品上传到国内的社交媒体或视频分享网站上,通过Vlog内容的分享,与国内网友形成一个社交圈,从而弥补背井离乡带来的归属感的缺失。截至目前,B站成了国内最大的Vlog作品集聚地,日均产量达上千条。

随着网络媒体的兴起,很多电视台、电台、报纸、杂志等传统媒体纷纷开始转型,而短视频就是转型的一个重要方向。2017年3月,郑州报业集团创立了"冬呱视频",作为旗下的视听品牌，依托新闻媒体集团的采访资源，专注于生产"社会纪实"的原创视频。

2019年9月初，中华人民共和国第十一届少数民族传统体育运动会在郑州举行。在集团下达了采访任务后，"冬呱视频"的团队经过讨论，认为其他所有媒体都是使用传统手段进行采访和报道，如果想别出心裁，就需要有完全不一样的形式，最终决定以Vlog短视频的形式进行报道。

这是一次极为大胆的尝试，需要团队中的一名成员出镜，以个人的视角去拍摄这次开幕式。全片以"LOOK君"一天的所见所闻为主线，从早上起床，与单位的同事一起出发，和场外候场演员的交流，一直到开幕式现场，进行了全方位的拍摄。最终完成的Vlog短视频在网上发布后，也取得了很好的反响（图1-4）。

图1-4　新闻Vlog作品

（3）家庭、工作、会议记录

随着手机拍摄功能的日益强大，很多之前只有DV摄像机才能拍摄记录的画面，现在用随身携带的手机就可以完成。

日常生活中有很多值得记录的瞬间，例如旅行、健身、亲子活动等，拍摄下来以后，只需要导入电脑，进行剪辑制作，就能够成为珍贵的回忆。

在工作中，也会有很多需要去记录的事情，拍摄后制作成团建、会议、活动记录，并发布在企业的公众号、微博等新媒体上，能够给自己的事业加分不少。

笔者之前和几个朋友一起成立了一个小团队，主要记录自己制作美食的视频。中国人讲究"民以食为天"，这种主题的短视频受众面广，制作起来只需要一个房间、一张桌子、几个道具、一两个人就可以完成，操作性比较强，也比较容易做出爆款，之前制作的一部名为《懒人必备，一个人也要好好吃饭系列——勾魂葱油面》的视频，在B站上拿到过"最高全站日排行59名"的好成绩（图1-5）。

懒人必备，一个人也要好好吃饭系列之——勾魂葱油面　13.5万　2017-4-19

【饭前慎入】不炸不烤，告诉你什么才是完美的鸡翅做法　9.6万　2017-3-29

又是一年月饼节，自制冰皮月饼，跟蛋黄五仁说拜拜~　4万　2017-9-18

【Dreamitv原创】冬日暖心佳品——香甜软糯的芝士焗红　2.1万　2017-2-7

那么问题来了，【鸡蛋羹】你站哪边？甜or咸？酱油or蜂　1.5万　2017-3-21

  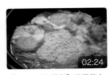 

【DreamITV原创】浩瀚星空一手掌握——过分美丽的星　4659　2017-2-24

【DreamITV】2分钟教你学会酥到爆炸的蔓越莓曲奇　2万　2016-12-17

【Dreamitv原创】史上最全火鸡面吃法，你喜欢哪一种　2.5万　2017-1-29

【DreamITV原创】培根芝士拉面　9438　2017-1-14

【DreamITV】2分钟教你学会比KFC还好吃的蛋挞　4572　2016-12-15

五月天不减肥，六月徒伤悲，告诉你如何才能做出比"摔跤　2890　2017-5-19

生活不止眼前的苟且，还有让人口水横流的焦糖红烧肉　2738　2017-4-8

超简单，满足大胃王们的火车头牛肉米粉，吃完一碗我还　8859　2017-6-19

妈妈再也不用担心我不爱吃胡萝卜啦　4647　2017-4-17

被强行二次元化的up主——教你制作颜值爆棚的红丝绒蛋糕　2471　2017-1-19

图1-5　B站上记录自己制作美食的短视频

（4）淘宝商品小视频

随着视频的兴起，各大电商平台也开始推出相应的技术和推广支持。以淘宝为首的电商平台，开始要求入驻的店家们以短视频的形式来展示自己的商品。

目前，各大品牌都已经在商品展示头图或详情页的位置投放短视频，用动态的形式来展示自己的商品，这样可以让消费者对商品有更加直观的感受，以此提高商品的销量。

以淘宝为例，要求商家展示的短视频必须是实拍的形式，有镜头的切换、运镜，不能全都使用图片进行合成，也不建议制作幻灯片式的视频，必须添加合适的背景音乐。现在的淘宝商品短视频大致可以分为以下两种类型。

商品展示型：时长在9～30秒之间，主要用于单品外观、功能的展示，这种类型占绝大多数。

内容型：时长在3分钟以内，是在展示商品的基础上，加入了情景、剧情，甚至演员的短视频，这种短视频因为时长超标，不能用于头图展示，多用于商品详情页的展示。

图1-6是笔者为一款棉签商品制作的淘宝展示视频。

（5）企业宣传片、广告片

以制作电视、电影的表

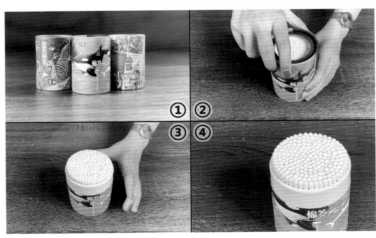

图1-6　淘宝商品展示视频

现手法，对企业内部的各个层面有重点、有针对性、有秩序地进行策划、拍摄、录音、剪辑、配音、配乐、合成、输出制作成片，目的是为了声色并茂地凸现企业独特的风格面貌、彰显企业实力。它能非常有效地把企业形象提升到一个新的层次，更好地把企业的产品和服务展示给大众，能非常详细地说明产品的功能、用途及其优点（与其他产品不同之处），诠释企业的文化理念，所以宣传片已经成为企业必不可少的形象宣传工具之一。目前，视频已广泛运用于展会招商、特约加盟、品牌推广、学校招生、景点推介、酒店宣传、商品使用说明、房产招商和销售，等等。通过媒体，向有需求的企业进行推广，会产生更好的效果。

2018年底，蔚来汽车连续在开封、洛阳开设体验店，为了配合开店活动，需要为每一个城市制作一部与蔚来汽车相关的短视频，于是制作了系列片《蔚来汽车·豫城记》用于宣传推广（图1-7）。

图1-7　《蔚来汽车·豫城记》的成片截图

（6）纪录片、微电影

是以纪实为本质，以真实生活为创作素材，以真人真事为表现对象，并对其进行艺术加工与展现，用真实引发人们思考的电影或电视艺术形式。

很多人学习短视频只是为了增加一个技能，或者记录自己日常的生活和工作。但是对于怀揣着"导演"理想的有志青年来说，短视频只是他们的起点，他们的目标是更高大上的影视作品，取得更多国内外专业团队的认可和奖项。

纪录片这种形式已被主流电影业所接纳，在世界著名电影奖项"奥斯卡金像奖"中，就有最佳纪录长片和最佳纪录短片的奖项。此外，国内外其他纪录片类的活动、奖项也非常多。可以说，纪录片这种形式也是短视频创作者可以作为目标去努力的，一旦能够拿到一些奖项，不仅对于创作者是极大的激励，也能够使自己的作品得到业界的承认。

比如图1-8所示的，2018年根据河南省荥阳市汜水镇新沟村一位名叫曹建新的农民的故事，拍摄并制作完成的纪录片《羊倌》，获得了第九届中国高校影视学会"学院奖"在内的多项大奖，并在业内引起较大反响。

图1-8　纪录片《羊倌》截图

1.3 视频作品的制作流程 ▶▶▶

　　观看视频的用户规模的猛增必然导致视频制作人才需求量的旺盛。在时代的风口上，视频制作的价值也日益凸显。

　　视频作品根据制作难度、时间长度、商业价值的不同，可以分为短视频和商业视频两种。短视频以剪辑为主，强调时间性，能快速出片并发布；商业视频以客户需求为主，强调制作的精细程度，根据受众习惯和整片风格来添加特效等。

1.3.1 短视频的制作流程

　　短视频制作的第一项任务就是甄选素材。正常情况下能拿到的素材应该比较多，可以导入Premiere软件中进行预览，选中合适的素材可以直接拽到Premiere的时间轴上（图1-9）。

图1-9　Adobe Premiere中的剪辑界面

　　第一步是粗剪，即Rough Cut。将镜头按照拍摄脚本的顺序，大致摆放在Premiere的时间轴上，形成影片初样。

　　第二步是寻找适合的背景音乐。这也可以根据音乐节奏，对镜头的顺序、连接点进行音乐节奏卡点的剪辑。因为这是韩国的方便食品，所以找的是一段热门韩剧《来自星星的你》的背景音乐。

第三步就是精剪了。精剪是在粗剪的基础上进行的，包括从保证视频镜头的流畅，到镜头的修整，再到声音、背景音乐等一系列的处理，以提高视频质量。精剪完成后，整部短视频的样子就基本出来了。

在剪辑的过程中，一般会考虑两个版本，一是传统视频平台的3分钟左右的版本；二是手机短视频平台的1分钟甚至几十秒的版本。

这两种不同时长的短视频，在剪辑节奏上有不同的要求。

1分钟以内的短视频，要求节奏快，在短时间内传递尽可能多的信息，每个镜头平均时长在2秒钟左右。同时，为吸引年轻观众，可以采用比较酷炫的转场、特效等。

3分钟左右的短视频，因为时间相对较长，如果节奏太快，观众长时间盯着屏幕看就会产生视觉眩晕，因此每个镜头平均时长可以在5秒钟左右，转场也尽量以最简单的交叉转场为主。

在剪辑的过程中，有一个形象的比喻，粗剪就好比人的骨架，粗剪完成，整个片子的骨架就搭建好了，而精剪则是人的皮肉，有血有肉的片子才是完整的。但是精剪完成了依然不够，还需要给片子穿上衣服。

给片子穿衣服的过程，其实就是**对片子进行整体包装设计**。

包装的**第一步就是调色**，也就是对画面的颜色进行调节，使整部片子的画面颜色统一。调色的作用，就好像是"用光和影为影视作品补妆"。在影视后期制作中，优秀的画面色调能让观众更顺利地融入影片的情景中，让色调最大化地渲染影片的情绪氛围。

以这部美食视频为例，色调应该偏暖色，因为暖色会让观众觉得食物很美味，而如果视频色调偏冷，尤其是偏绿色，会让观众觉得食物变质了，从而失去对视频的兴趣。在视频的局部调色中，可以单独调整画面中的食物，使观众的视觉焦点集中在食物上。图1-10是该视频调色前后效果的对比。

图1-10 调色前后效果对比

只靠没有解说的视频，观众对内容的理解可能不够全面，因此第二步可以为视频添加字幕，图1-11是为该短视频添加字幕前后的效果对比。

图1-11 字幕添加前后效果对比

　　为了视频的整体效果，可以适当添加一些特效，但不宜过多，毕竟不是炫耀特技的片子，需要让观众把重心放在美食上。该视频只用到了一个特效，即片尾处将四种不同口味的火鸡面统一展示的效果（图1-12）。

图1-12　特效效果展示

　　制作完成以后，就可以对整片进行输出了。在目前主流的视频平台中，兼容性最好的就是mp4格式，因此可以在Premiere的导出设置面板中，将格式设置为H.264，这样渲染出来的视频就是mp4格式（图1-13）。

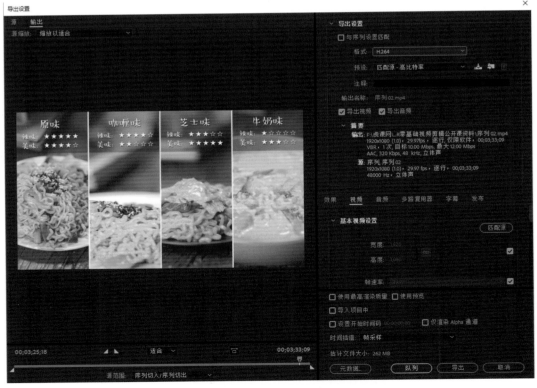

图1-13　Adobe Premiere中的输出界面

输出完成以后，就需要在各大视频平台进行发布了。目前主流的传统视频平台有腾讯视频、优酷视频、B站、AcFun等，手机短视频平台主要有抖音、快手、西瓜视频等。

对于传统视频平台，将视频上传在电脑上即可完成，但是对于手机短视频平台，则需要先把视频拷到手机里，再通过手机上的App完成上传。

为了让创作的视频可以被更多人看到和搜索到，可以添加一些热门标签，例如美食、吃货、厨艺、火鸡面等。发布成功后，也尽量请亲朋好友多转发一下，这样视频播放量增长以后，视频平台也会将视频推荐给更多观众，也更容易成为爆款。

1.3.2 商业视频的制作流程

商业视频需要按照前期确定的文案，和具体的客户需求来进行制作。

2018年7月，中宣部和新华社计划制作一部报道河南省兰考县张庄村的新闻纪实片。在讨论整片包装风格的时候，新华社的负责人提出要加入"抖音风格"，因为当时抖音正在全国范围内流行，年轻人都很喜欢比较酷炫的风格。于是经过讨论，制作团队决定在开头展示张庄村美景的时候，使用抖音快闪的形式，先从视觉上抓住年轻观众的注意力。

最终确定的前期文案如下。

张庄美景镜头的快闪：

别眨眼，注意看，这里是河南省，兰考县，张庄村，焦裕禄工作过的地方，曾经的沙害最严重的地方，曾经的国家级贫困村，现在这里已经是，美，很美，非常美，大风口变大风车，破房子变恬美民宿。大沙堆今天绿树荫荫。为什么变化这么大？一起走进，梦里张庄。

老游（同期声）：

我今年66岁了。我脸上皱纹多。额头上的皱纹是原来过苦日子发愁愁出来的。我这脸上的皱纹，是现在生活好了，我高兴笑出来的皱纹。

在以前可不是这个样，我小时候咱村可不是这个样。

老游同期声背景音，展示老画面，展示张庄之前黄沙满地的样子：

以前闹村荒，没有粮食吃，乡亲们只好吃树叶子，先吃了槐树叶，再吃榆树叶，最后再吃杏树叶，吃得树上不长叶子，春天没有春天的样子。

一刮风，对面看不见人，屋里面关着门和窗户，还要点着灯。风过去以后，屋里面落厚厚一层土。风大的时候，人在屋里面出不去，门前堆一堆土，没办法，只能从窗户爬出去。

老游同期声背景音，展示历史画面，展示张庄人奋斗的样子：

焦裕禄书记把这个"贴膏药"形象地比喻到治沙上，把这个沙丘好像贴膏药一样，用这个淤土把沙丘蒙起来、盖起来，风不再刮了。再者，这个扎针呢，就是把沙丘封住以后，再往上栽上槐树，槐树也起到挡风的作用。当时的口号"贴膏药扎针"就是这个意思。

张庄现在的美景，推镜头，特效快剪：

张庄亮点：风力发电，蘑菇，做鞋子，蜜瓜种植和农家乐。

老游（同期声）：

村里搞旅游，我家建起了民宿小院，挣了钱，欢迎大家来坐坐。

特效，动态照片墙效果：

张庄村村民们的一张张笑脸，最后定格在张庄村全景的照片上。

在进行后期的剪辑和制作时，遇到的最大困难就是片头那几十秒的快闪效果。如果只是拿

一些漂亮的镜头做卡点处理的话，文案第一段的内容信息就没办法完整地展示出来，所以最后呈现的是使用文字特效、动态镜头、图片、画面特效等多种元素，配上节奏感较强的音乐，穿插进行的卡点快闪效果（图1-14）。

图1-14 梦里张庄的快闪片头效果

在使用以前的历史影像时，因为早期影像的大小只有720×576像素，如果强行将其放大五六倍来适应1080p画质的话，画面会严重受损。因此，在保证历史影像画质的情况下，在After Effects中制作了画中画效果，历史影像还是以原画质大小出现，画面的其他部分用视频或图片素材作为底部。此外还添加了光效、翻页等动态特效，用于丰富画面。在使用历史影像时，一般会要求在画面的左上角打上"资料画面"的字样（图1-15）。

图1-15 早期画面的画中画效果

在展示近些年的"人均年收入""贫困发生率"等数据对比时，最好使用动态图表的形式来展示，这样会更加直观（图1-16）。

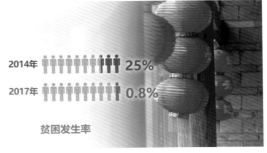

图1-16 动态数据对比表

添加字幕的时候，因为片子要同时在电视台、新华网、新华社手机App等多个媒体上播出，所以要充分考虑到在手机上观看时，会因为字幕太小导致观众看不清楚的问题，而且文字容易和画面颜色糊到一起。所以使用了"旧版标题"来制作字幕，再为字幕添加"阴影"效果，让文字能够立体突出出来（图1-17）。

图1-17　为旧版标题字幕添加阴影效果

制作片尾的时候，又使用After Effects软件制作了多名村民微笑的照片墙特效动态效果，把全片的气氛又烘托了起来。

最终，全片的长度为5分钟，剪辑工程文件如图1-18所示。

图1-18　最终的工程文件

该片于2018年7月16日，在新华网、腾讯、新浪、搜狐、凤凰网等全网头条发布，总播放量达数亿次（图1-19）。

图1-19　部分媒体的截图

1.4 视频制作者的能力需求 ▶▶▶

首先，最重要的一点是，要具备归纳能力和故事创作力。

以一部3分钟左右的视频为例，拿到的素材起码有20分钟左右。如果是拍摄的素材，还会出现同一个镜头拍摄了好几遍的情况，但其中有一些是拍得不好的镜头，有些是未达到满意程度但尚可接受，想先留下再看看有没有其他可以替换的镜头。这时就要考虑如何将这些素材拼接在一起，剪辑成3分钟的视频，而且还要有一定的逻辑性、故事性。

以前文提到的《蔚来汽车·豫城记》宣传视频为例，成片的长度只有2分钟多一点，而实际拍摄的素材量则达到数小时之久（图1-20）。

图1-20　《蔚来汽车·豫城记》的拍摄素材

其次，要有耐心。

一个视频的制作，往往要耗费数小时甚至数周，如果是商业作品，还可能要面对客户的反复修改和调整。如果没有耐心，坐不到电脑前进行制作肯定是不行的。

另外，还要有把握影像和选择音乐的能力。

视频作品是通过影像来叙事的。如何能把故事讲清楚，这其实是一种文学上的修养，一定程度上会影响作品在艺术上的表达。

音乐方面也是如此，要考虑在什么情况下放哪种音乐，才能调动观众的情绪。如果对音乐没有感觉，就会影响视频作品达到的高度。

最后，还要有一定的节奏把控能力。

对于剪辑节奏的把控，其实就是营造一个有松有紧的过程，需要根据具体的内容来确定。

节奏一般会分为内容节奏和画面节奏两种。比如要剪一部悬疑类的影片，前期在进行大量铺垫的时候，不能一直营造紧张的氛围，也要插入一些平静或者搞笑的内容，让观众有所缓冲，这就属于内容节奏。再如剪一场争吵戏，一直用小景别，会让观众觉得紧张疲惫，需要在有动作的时候插入中大景别进行过渡，这属于画面节奏。

之前和一位电影领域的前辈聊天，他说，如果一个视频的节奏感很好，你甚至能感受到片子在呼吸。其实可以想象一下观众看到一部视频时的样子，平淡的时候呼吸均匀，紧张的时候呼吸急促，把观众的感觉代入视频中，就像是给视频注入了生命。

工欲善其事，必先利其器，在进行制作之前，先要准备一台配置还不错的电脑。因为视频制作经常要面对几十甚至几百GB的素材，如果电脑配置比较低的话，会导致制作软件出现卡顿的情况，降低工作效率。

软件方面，要熟练掌握并使用至少一款视频制作软件。目前在国内使用最广泛的软件就是Adobe Premiere，这也是本书要讲解的软件（图1-21）。

图1-21 Adobe Premiere的软件界面

第**2**章

Premiere基本剪辑流程

看视频作品鉴赏学习
添加学习助手获取服务

剪辑，其实就是对视频、图片、音频等素材进行剪切和编辑。

在十几年前，剪辑还要依靠专业的设备，因为在当时，还需要使用录像带、磁带等实体媒介进行素材的录制和存储，而当各种电子产品的功能越来越全面，软件的开发越来越成熟以后，剪辑就开始逐渐数字化，进入"非线性编辑"的时代了。

"非线性编辑"是使用电脑来进行数字化制作，几乎所有的工作都在电脑里完成，不再需要那么多的外部设备，对素材的调用也是实时的，不用反反复复在磁带、录像带等媒介上寻找，突破了按单一的时间顺序进行编辑的限制，可以按各种顺序排列，具有快捷简便、随机的特性。非线性编辑只要上传一次就可以多次编辑，信号质量始终不会变低，所以节省了设备、人力，提高了效率。

现在的剪辑全部都是在电脑上通过软件来完成的。

2.1 初识Premiere等国内主流视频剪辑软件及操作流程 ▶▶

经过了多年的发展，电脑剪辑软件的技术也越来越成熟，目前市面上能够提供完整剪辑方案的软件主要有Adobe Premiere、DaVinci、Final Cut Pro、EDIUS四款（图2-1）。

图2-1 四款常用剪辑软件

Adobe Premiere：由Adobe公司出品的专业剪辑软件，简称Pr，因为国内绝大多数视频制作公司都使用的是Adobe全家桶，Pr和Ps、AE等其他Adobe软件的兼容性极高，其源文件可以互相通用，使用极为便捷，可以说是国内使用范围最广泛的专业视频剪辑软件，适用于Windows和Mac系统。

DaVinci：中文名叫达芬奇，由Blackmagic Design出品的电影级别视频剪辑、调色软件，目前在国内的很多高端电影级项目或超高清视频制作中，都会使用达芬奇软件进行校色和剪辑，适用于Windows和Mac系统。

Final Cut Pro：简称FCP，苹果公司推出的专业视频剪辑软件，只适用于Mac系统，目前在国内只有苹果的用户来使用，属于较为小众的剪辑软件。

EDIUS：由Grass Valley出品的专业视频剪辑软件，在国内被大量使用在新闻相关单位的工作中，只适用于Windows系统（图2-2）。

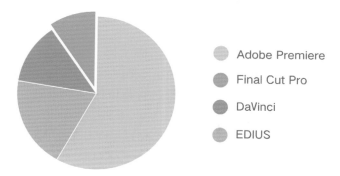

图2-2　四款常用剪辑软件在国内的使用量

　　Adobe Premiere在国内的使用量之所以这么大，与其开发公司Adobe旗下众多设计、视觉、影视、动画软件在业内占据近乎垄断的地位有极大的关系。正是因为能够与这些软件有极好的兼容性，各个软件之间能够快速协同参与制作项目，所以Premiere的应用范围和场景才变得更加丰富（图2-3）。

图2-3　Adobe旗下的软件

　　Adobe官网上，对Premiere这个软件的定义是这样写的：Adobe Premiere 是适用于电影、电视和Web的领先视频编辑软件（图2-4）。

图2-4　Adobe Premiere的界面

对于所有的视频剪辑软件来说，它们的基本操作流程几乎都是一样的，大致可以分为素材导入、视频剪辑、成片输出三个步骤。

素材导入： 视频剪辑中，需要用到多个不同类型的文件，这就需要在一开始，就将视频、图片、音频等剪辑所需的素材文件，统一导入Premiere中。

视频剪辑： 在Premiere中，对导入的素材逐一进行时间长度的剪裁，并按照一定的结构顺序把它们在时间轴上组接起来。

成片输出： 剪辑完成以后，将整个时间轴上的素材打包输出成一个完整的视频文件。

了解了基本操作流程以后，就可以打开Premiere软件进行操作了。

2.2 案例演示：MTV的剪辑制作 ▶▶▶

接下来将通过一个简单的案例，来快速了解一下Premiere的基本操作流程。

2.2.1 新建剪辑项目

打开Premiere软件，会先弹出主页面，面板上会显示最近使用过的Premiere源文件。如果是第一次打开Premiere软件，"最近使用项"一栏是空的，这时就可以点击左侧的"新建项目"按钮，来创建第一个Premiere项目（图2-5）。

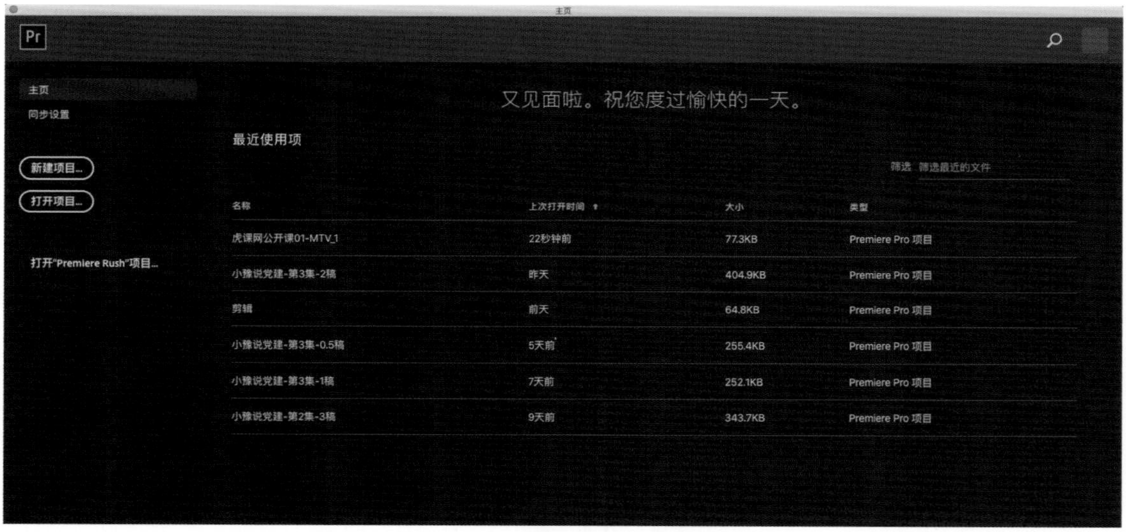

图2-5 Adobe Premiere的主页面

在弹出的"新建项目"面板中，可以在"名称"一栏输入项目的名字，例如"个人MTV剪辑"，在"位置"一栏，可以点击后面的"浏览"按钮，选择该项目文件在电脑中保存的位置。其他参数可以不用设置，然后按下"确定"按钮（图2-6）。

进入Premiere的主界面，但是现在的整个界面都是空的。在进行剪辑之前，还需要执行菜单的"文件"→"新建"→"序列"命令，在弹出的"新建序列"面板中，设置可用预设为"ARRI 1080p 25"，即要制作视频帧大小为1920×1080像素，帧速率为25帧/秒的标准1080p视频，也可以点击上面的"设置"按钮，查看或调整具体的参数（图2-7）。

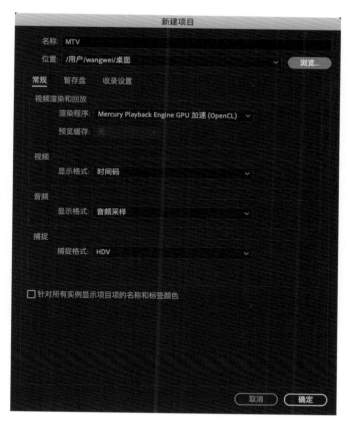

图2-6 Premiere的新建项目面板

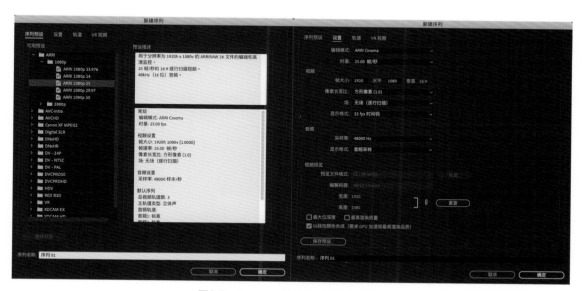

图2-7 Premiere的"新建序列"面板

按下"确定"按钮,Premiere的主界面就开始变得丰富起来,时间轴也显示了出来,这样就可以进行短视频的制作了(图2-8)。

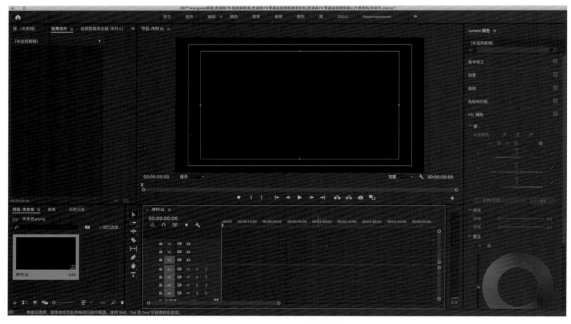

图2-8　Premiere的主界面

2.2.2 素材导入

　　在进行视频剪辑之前，先要收集到相关的素材。本案例中，将使用6段mp4格式的视频素材。这种mp4格式是目前比较流行的视频格式，特点是体积较小且画质好（图2-9）。

图2-9　用做剪辑的视频素材

　　将素材导入Premiere中有多种操作方式，比较标准的做法是执行Premiere菜单中的"文件"→"导入"命令（图2-10）。

在弹出的窗口中，找到要导入的素材，选中以后点击右下角的"导入"按钮（图2-11）。

图2-10　执行Premiere菜单中的导入命令　　　　图2-11　在电脑中找到要导入的素材

然后就会看到这些素材被导入Premiere的"项目"面板了。如果现在界面中没有项目面板的话，可以执行Premiere菜单中的"窗口"→"项目"命令，就可以将"项目"面板打开了（图2-12）。

图2-12　项目面板中导入的视频素材

除了通过菜单命令的标准导入方法，还可以通过以下几种方法将素材导入：

① 使用快捷键Ctrl+I（苹果系统使用Command+I），可以直接打开导入窗口；

② 双击"项目"面板中的空白区域，可以直接打开导入窗口；

③ 可以直接将素材拖拽到Premiere的"项目"面板中。

在项目面板左下角，可以设置素材的显示模式为"列表视图"、"图标视图"和"自由变换视图"三种模式，推荐使用"图标视图"，这样可以更直观地看到素材的内容（图2-13）。

如果导入的素材在项目面板中顺序较乱，可以点击项目面板底部的"排序图标"按钮，按照不同的排序规则调整素材的排列顺序（图2-14）。

图2-13　项目面板中的列表视图　　　　图2-14　在项目面板中对素材进行排序

2.2.3 视频剪辑

　　将素材导入以后，就可以进行剪辑了。在Premiere中，剪辑基本上都是在时间轴面板上进行的。如果仔细看会发现，时间轴面板分为上下两个部分，各4个轨道。上半部分的4个轨道都是以V开头的，是Video（视频）轨道，可以将视频、图片素材放在里面；下半部分的轨道都是以A开头的，是Audio（音频）轨道，用来放置各种声音素材。

　　先把已导入的"戴帽子的女孩.mp4"视频素材，用鼠标左键拽到Premiere时间轴的V1轨道上。这时会看到，该素材已经在"节目监视器"面板中显示了出来。在时间轴的视频和音频轨道都有内容，这是因为该视频素材还包含有音频部分。现在该素材在时间轴上显示得特别小，可以按下键盘的"+"键，将时间轴放大显示，同样，按下键盘的"－"键，可以将时间轴缩小显示。放大后会看到，该素材在时间轴上的持续时间是7秒钟（图2-15）。

图2-15　将素材拖入时间轴

　　按下空格键，可以在时间轴上对素材进行预览。这时会发现该素材虽然有音频轨道，但其实是没有声音的。可以在时间轴上选中该素材，按下鼠标右键，在弹出的浮动菜单中点击"取消链接"，即取消该素材视频和音频的链接，使它们成为两个独立的部分（图2-16）。

　　选中该素材的音频，按下键盘的"Delete"键删除，只留下视频部分（图2-17）。

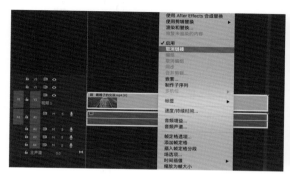
图2-16　"取消链接"命令

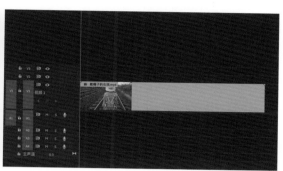
图2-17　删除素材的音频

　　将其他几段视频素材逐一拖动到时间轴上。将一段素材拖动并靠近另一段素材的时候，它们之间会像有磁性一样首尾连接在一起（图2-18）。

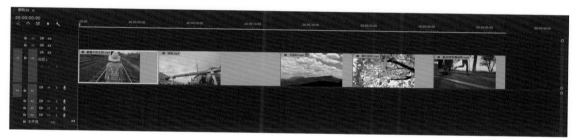
图2-18　将素材在时间轴上排列好

　　如果想要改变它们的排列顺序，可以用工具栏中的"选择工具"，在时间轴上选中素材，并拖动到相应的位置。如果当前界面中没有工具栏，可以执行Premiere菜单中的"窗口"→"工具"命令，或者按下"V"键，直接切换到"选择工具"（图2-19）。

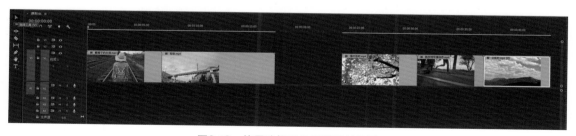
图2-19　使用选择工具调整素材位置

　　其实使用"选择工具"对素材进行位置上的调整，就是剪辑中的"辑"，接下来再来进行剪辑中的"剪"。

　　导入一段自己喜欢的歌曲，并将其拖动到时间轴的音频轨道上。本案例中选择的是一首流行歌曲中的一小节，共5句歌词，正好对应5段视频素材。但是现在视频素材的长度要远远大于音频，这就需要对视频素材进行对应的剪切（图2-20）。

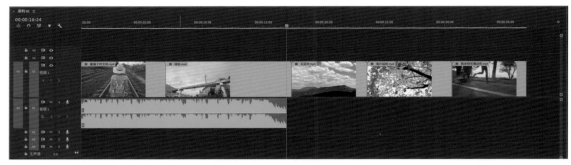

图2-20　将音频素材导入时间轴

先按下空格键，找到第一句歌词结束的地方，将这里作为剪切点。使用工具栏上的"剃刀工具"，或者按下快捷键"C"直接切换到剃刀工具，在剪切点的位置点一下视频素材，将该视频切为两段（图2-21）。

再使用"选择工具"，在时间轴上选择该素材不要的部分，按下键盘的"Delete"键将其删除，这样就完成了剪辑中的"剪切"（图2-22）。

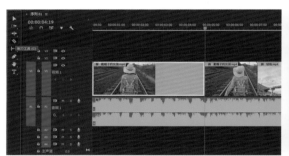

图2-21　使用剃刀工具将视频剪开

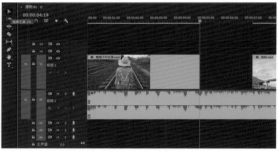

图2-22　删除不需要的素材部分

对应着音频中的歌词或旋律，将其他几段视频素材进行剪辑（图2-23）。

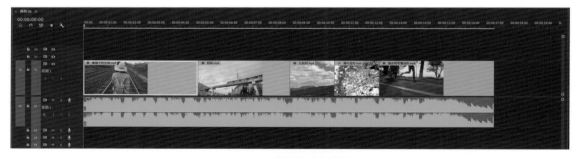

图2-23　将视频进行剪辑

2.2.4 画面处理

现在的画面有些单调，接下来将添加转场、调色和字幕效果，对整体的画面进行处理，使内容和效果更加丰富。

时间轴上两个镜头之间是直接跳转的，这种情况一般被称为"硬切"。现在将要在两个镜头之间添加过渡效果，也就是"转场"。

打开Premiere的效果面板，如果界面中没有的话，可以执行菜单中的"窗口"→"效果"命令，在面板中，逐次点开"视频过渡"→"溶解"文件夹，将"交叉溶解"效果用鼠标左键拖拽到两个镜头之间，再按下空格键预览，就会看到两个镜头切换的时候，会有相互之间透明过渡的动态转场效果。使用同样的方法，为后面的几个视频都添加"交叉溶解"转场效果（图2-24）。

图2-24　为视频素材添加"交叉溶解"效果

如果想要调整转场时间长度，可以在时间轴上选中添加的"交叉溶解"，在"效果控件"面板中，点击"持续时间"后面的时间数值并更改，还可以调整"对齐"方式（图2-25）。

因为使用的几段素材是在不同环境下拍摄的，所以色彩不够统一，现在需要进行调色。

在"项目"面板中，点击右下角的"新建项"按钮，在弹出来的菜单中点击"调整图层"，这时项目面板中就会出现一个黑色的名叫"调整图层"的文件（图2-26）。

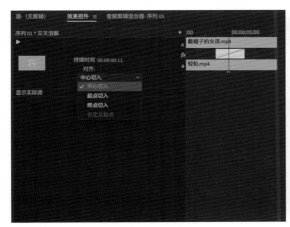

图2-25　调整转场效果

图2-26　新建调整图层

将新建的"调整图层"文件从项目面板中拖拽到时间轴最上方的视频轨道上，并使用选择工具，将调整图层在时间轴上拉长，覆盖住下面的所有视频素材（图2-27）。

图2-27　将调整图层拖拽到时间轴上

执行菜单中的"窗口"→"Lumetri颜色"命令，打开Lumetri调色面板。在时间轴上选中调整图层，调整"色温"为60，让画面整体偏暖色调；再调整"阴影"为42.7，提高画面暗部区域的亮度；再将"饱和度"降低至60.5，让画面偏灰一些。按下空格键预览，会发现所有的镜头都按照这些参数调整了，这样整体的色彩就统一了（图2-28）。

图2-28　对画面进行调色

对于一首MTV来说，歌词的显示也是必须的，接下来要为画面添加字幕效果。

执行菜单中的"文件"→"新建"→"旧版标题"命令，会看到项目面板中增加了一个名为"字幕01"的文件。使用鼠标左键将该文件拖动到时间轴最上面的视频轨道上，并使用选择工具将其拉长，覆盖住第一段视频素材（图2-29）。

图2-29　添加字幕

双击该字幕文件，打开"旧版标题设计器"面板，使用左侧工具栏的"文字工具"，在中间的画面中点击一下，就可以输入文字了。然后可以在右侧的"旧版标题属性"区中，调整填充颜色、字体和大小，以及字偶间距和行距。调整完以后，再使用左侧工具栏中的"选择工具"，将字幕放在画面的正下方位置（图2-30）。

纯色字幕经常会和画面中的近似色重叠，因此需要为字幕添加互补色。例如白色字幕就需要添加黑色的描边或阴影效果，而黑色字幕则需要添加浅色背景色块或外发光等。本案例中是白色字幕，因此可以在"旧版标题设计器"面板的右侧，勾选"阴影"选项，并调整下面的角度、距离等参数，为字幕添加阴影效果（图2-31）。

图2-30 "旧版标题设计器"面板

图2-31 为字幕添加阴影效果

制作完成一个字幕后，就可以继续制作后面的几条字幕了。使用"旧版标题"制作多条字幕的时候，有以下几种方法：

① 继续使用之前的方法，执行菜单中的"文件"→"新建"→"旧版标题"命令，逐条字幕进行制作；

② 在项目面板中，将制作好的一条字幕大量复制，并逐一拉到时间轴上，再逐一在"旧版标题设计器"中修改文字的内容；

③ 在时间轴上，按住键盘的Alt键（苹果系统使用Option键），向后拖动已经制作好的一条字幕，将其复制出来，再双击这条新字幕，进入"旧版标题设计器"中修改文字的内容（图2-32）。

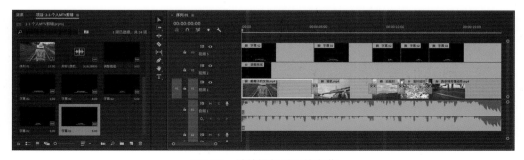

图2-32 继续添加后面的字幕

到这里，本案例的剪辑制作就全部完成了，最终的Premiere工程文件如图2-33所示。

图2-33 最终的工程文件

2.2.5 成片输出

在Premiere中点击一下时间轴，再执行菜单的"文件"→"导出"→"媒体"命令，或按下快捷键Ctrl+M，就可以打开"导出设置"面板。

先将"格式"设置为"H.264"，这样导出来的视频就是mp4格式。

点击"输出名称"后面的序列名称，就可以打开"另存为"的窗口，设置导出视频的保存位置，以及文件名（图2-34）。

图2-34 导出设置面板

在"视频"项中，可以通过调节"目标比特率"的参数，来控制导出视频的画质。参数越高，画质就越高，但是文件的体积大小也会相应增大。正常情况下，将"目标比特率"设置为10左右就可以了。调整时，可以观看面板下面的"估计文件大小"，来实时地看到输出文件的体积大小（图2-35）。

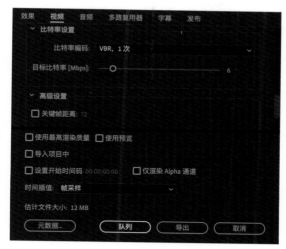

图2-35　比特率设置

设置好以后，点击面板右下方的"导出"按钮，就可以将视频导出了。

2.3 案例演示：简单卡点视频的剪辑 ▶▶▶

近期各大短视频平台都比较流行一种根据音乐节奏剪辑的视频形式，因为是卡着音乐的节奏点进行镜头的切换，所以也被称之为卡点视频。

本案例中，将使用多张图片，在Premiere中制作卡点视频（图2-36）。

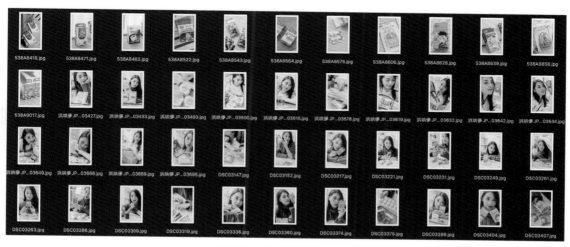

图2-36　使用到的图片素材

2.3.1 素材导入

因为需要在手机端的短视频平台播出，所以需要将视频制作为竖屏的。

执行菜单中的"文件"→"新建"→"序列"命令，在"新建序列"面板中的"设置"项中，调整"帧大小"为720水平和1280垂直，并按下"确定"按钮，这样就新建了一个宽为720像素、高为1280像素的竖屏视频序列（图2-37）。

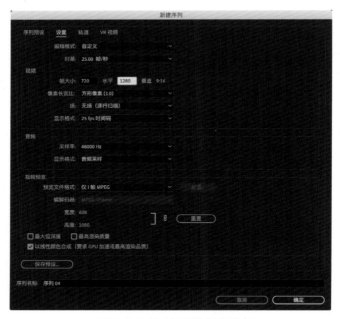

图2-37　新建竖屏视频序列

双击项目面板的空白区域，将图片素材都导入Premiere中。再找一段节奏比较强烈的音乐，也将其导入（图2-38）。

图2-38　将素材导入项目面板中

Premiere界面中的各个面板是可以进行自定义设置的，例如在面板的结合处拖动鼠标就可以调整面板的大小，还可以使用鼠标将面板拖拽到其他位置，或与其他面板合并。

因为这次剪辑的是竖屏视频，所以可以将"节目"面板放在界面的最右侧，以竖屏的形式排列，这样可以直观地看到竖屏画面效果（图2-39）。

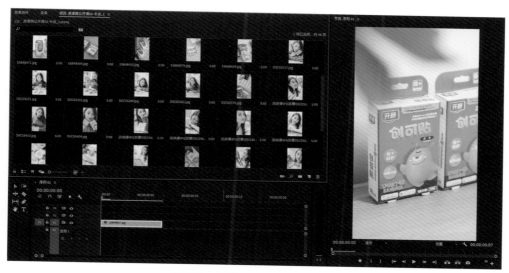

图2-39　调整Premiere的界面排列

2.3.2 视频剪辑

卡点视频，其实就是针对音乐的节奏点进行剪辑的视频。先把背景音乐素材拖动到时间轴上，使用鼠标在两个音频轨道之间上下拖动，就可以调整轨道的高度，方便剪辑师更清楚地观察。仔细观察音频素材，会发现它有多个波峰，每一个波峰都是一个清晰的节奏点，因此在剪辑的时候，只需要把剪辑点设置在音频素材的波峰处即可（图2-40）。

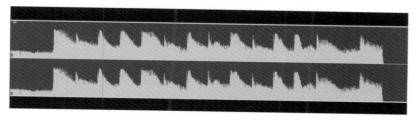

图2-40　音频素材的波峰

将图片逐一拖动到时间轴上，并以音频波峰为剪切点进行剪辑。因为素材都是图片，所以可以使用"选择工具"，直接拖动图片在时间轴上的持续时间（图2-41）。

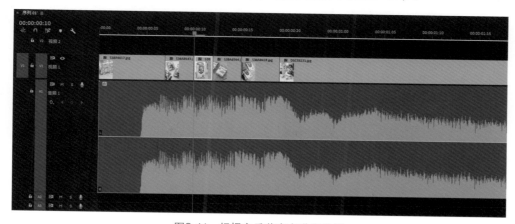

图2-41　根据音乐节奏点进行剪辑

31

继续按照音乐节奏点进行剪辑。需要注意的是，不是所有的节奏点都要卡住的，只需要在波峰比较明显的地方剪辑就可以了。有一些地方的音乐节奏点非常密集，如果无法看清波峰，可以直接对图片进行快速剪辑切换（图2-42）。

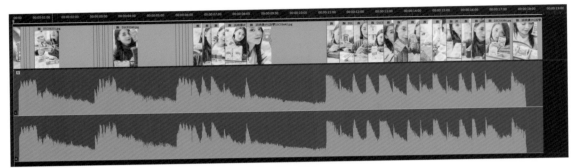

图2-42　完成卡点剪辑

本案例中的图片较多，颜色差异较大，因此需要对它们进行统一调色。

执行菜单中的"文件"→"新建"→"调整图层"命令，也可以在项目面板的空白处按下鼠标右键，在弹出的浮动菜单中选择"新建项目"→"调整图层"命令，在项目面板中新建一个"调整图层"（图2-43）。

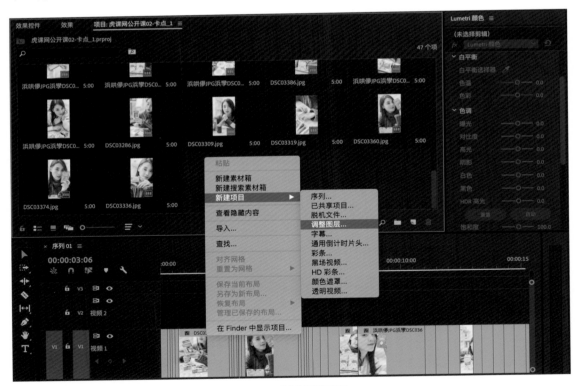

图2-43　新建调整图层

将调整图层拖动到时间轴最上面的视频轨道上，并使用"选择工具"将其拖长，覆盖住下面的所有素材。选中时间轴上的调整图层，并打开"Lumetri颜色"面板，设置"色温"为30，让整体色调偏暖色一些；调整"对比度"为-100，让画面的亮部和暗部区分减弱；再将"饱和

图2-48　对视频进行编码输出

　　等输出完成以后，编码进度窗口会自动关闭，这时视频就输出好了。接下来就可以把该视频上传至不同的视频平台进行发布了。

第3章

Premiere界面和 基本素材导入

看视频作品鉴赏学习
添加学习助手获取服务

其实在Adobe众多的软件中，Premiere属于相对比较简单的一款。因为它的本质是将各种素材组合剪辑在一起，创作的内容并不是很多。

第一次使用视频软件的用户，尤其是之前使用过Photoshop的用户，对Premiere的一些使用方式可能还不太习惯，这里有必要提前说明一下。

像Photoshop、Animate，甚至Illustrator这些软件，如果要在另一台电脑上打开，基本上只需要把一个源文件拷过去就可以了。而Premiere是剪辑视频的，需要导入编辑的文件以体积较大的视频为主，所以Premiere只是记录了导入编辑文件的路径，并不会真的把文件嵌入源文件中。一般Premiere的源文件只有几百KB大小，如果只是把这样一个源文件拷到其他电脑上，或者把素材文件剪切到其他地方以后，打开Premiere源文件后会显示找不到之前导入的素材（图3-1）。

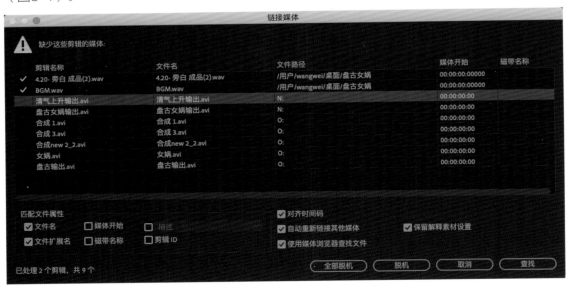

图3-1 找不到素材时会弹出链接媒体的面板

这就需要在剪辑的时候，不要轻易改变素材的位置。如果要到另一台电脑上继续编辑，还需要把相关的素材都拷过去，才可以正常打开Premiere的源文件。

Premiere的操作基本上只有素材导入、视频剪辑、成片输出三个步骤，本章会重点讲解一下素材导入的部分。

3.1 Premiere的界面 ▶▶▶

打开Premiere软件，常规的界面如图3-2所示。

大小为1080p，高精度照片的尺寸往往更大，这就需要在时间轴上选中图片，在"效果控件"面板中，调低它的"缩放"数值，使其匹配剪辑序列的尺寸（图3-8）。

图3-8 调整图片的缩放数值

png文件：图片质量较好，同时它还可以保存图片的通道（透明背景），使后期合成更加快捷有效。图3-9就是带通道的奶瓶png图片叠加在背景图片上的效果。

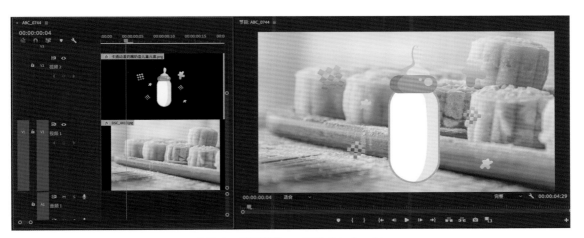

图3-9 带通道的png图片叠加在一起

psd文件：是Photoshop格式，可以保存图层、通道等信息，在与Adobe公司的软件进行互相编辑的时候，可以导入这些信息，提高工作效率。

序列图文件：一张张连续的图片，可以以序列的形式导入后期软件中，形成动态效果，一般用于延时拍摄。导入的时候，需要先选中第一张图片，并勾选窗口下方的"图像序列"选项，再点"导入"按钮（图3-10）。

其他文件：还有一些常见的tif、tga、bmp等图片格式，都可以正常导入Premiere中进行编辑。

（3）声音格式介绍

在Premiere中，声音文件一般都会以波纹的图像显示，选中在时间轴上的音频文件，在"效果控件"面板中，可以调整它的音量大小（图3-11）。

图3-10　导入序列图文件

图3-11　音频文件的显示效果

wav文件：是声音的通用格式，也是无损压缩的格式，通常在视频编辑中使用的频率也最高。

mp3文件：是被压缩过的声音文件，音质有些损失，但一般情况下也可以使用。有些mp3格式无法导入相关软件进行编辑，这是由于它自身的编码存在问题，可以使用一些音频格式转换软件，将它转换为wav格式即可。

flac文件：无损音乐，玩音乐的发烧友们最喜欢的音频格式，但是无法直接导入Premiere中，需要先转换格式。

其他文件：其他音频格式如aiff、aac、wma较为少见，如果无法直接导入Premiere，需要转换格式。

3.3 案例演示：多素材混合剪辑 ▶▶▶

接下来将通过一个实际案例，来完整地讲解一下多种不同格式的素材是怎样使用Premiere

进行混合剪辑的。

这个案例中，所使用到的素材种类较多，图片格式有jpg、psd、png、tif和序列图，视频格式是mov，声音格式是flac（图3-12）。

图3-12　案例中将使用到的素材

3.3.1 素材导入

首先需要将这些素材都导入Premiere软件中。

导入素材的方法有很多种，比较标准的做法是执行菜单的"文件"→"导入"命令，或使用快捷键Ctrl+I，在弹出的导入面板中，选中需要导入的文件，点击右下方的"打开"按钮，即可将文件导入Premiere的项目面板中（图3-13）。

图3-13　Adobe Premiere的导入面板

还可以通过双击"项目"面板中的空白区域来导入素材。导入后，素材会显示在"项目"面板中，如果Premiere的主界面中没有项目面板，需要执行菜单的"窗口"→"项目"命令，在主界面中打开"项目"面板进行操作。

　　将"项目"面板改为"图标视图"模式，并按"名称"进行排序（图3-14）。

图3-14　导入素材后的项目面板

　　如果导入的是带图层的psd格式，会弹出一个"导入分层文件"的设置面板，可以在"导入为"选项中，设置导入图层的形式（图3-15）。

　　提供的素材当中有一个"动画序列图"的文件夹，序列图常用在延时摄影或者动画制作中，是指一张一张图像连在一起的图片文件，可以将它们作为一个动态文件导入。

　　选中第一张图片，在导入面板的下方，勾选"图像序列"的选项，然后点击右下方的"导入"按钮，即可批量导入序列图片（图3-16）。

图3-15　"导入分层文件"的设置面板　　　　图3-16　导入图像序列

素材中有一个"背景音乐.flac"文件，是无法直接导入Premiere中的。可以使用格式转换软件，先将它转换为通用的wav音频格式，就可以导入Premiere中了。

3.3.2 视频剪辑

先把已导入的"001.jpg"图片素材，用鼠标左键拽到Premiere时间轴的V1轨道上。这时会看到，该素材已经在"节目监视器"面板中显示了出来。但是该素材在时间轴上显示得特别小，可以按下键盘的"+"键，将时间轴放大显示，同样，按下键盘的"－"键，可以将时间轴缩小显示。放大后会看到，该图片素材在时间轴上的持续时间是5秒钟（图3-17）。

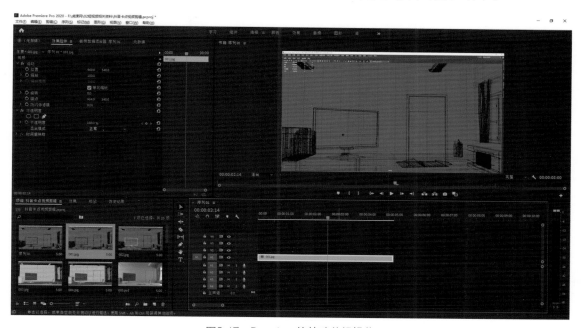

图3-17　Premiere的基础剪辑操作

接下来，把转换了wav格式的背景音乐素材拖拽到时间轴的A1轨道上，将鼠标放在时间轴前面的A1和A2的连接处上下拖拽鼠标，使A1轨道加宽显示，这样可以把音频的波形效果展示得更加清晰，便于在剪辑时对准节奏点（图3-18）。

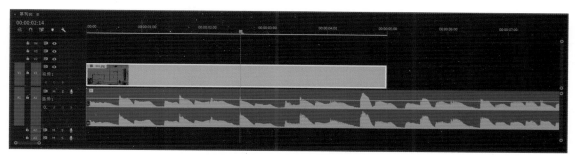

图3-18　时间轴上的音频波形

剪辑的第一个字是剪，顾名思义，要把素材进行裁剪，即剪掉不需要的部分，改变素材的时间长度。

在Premiere中，常用的裁剪素材的方法有两种：

① 点击工具栏上的"剃刀工具"，或者按下键盘的"C"键切换到"剃刀工具"，然后再在时间轴上点击要裁剪的素材，就可以把该素材裁切为两段，再点击工具栏上的"选择工具"（也可以使用快捷键"V"键），选中不需要的部分，按下键盘的Delete键删除；

② 使用"选择工具"，放在素材起始或结束的位置，按住鼠标往素材的中部拖拽，就可以直接将素材不需要的部分去掉。

在时间轴的第00:00:00:14的位置，将视频素材剪开，使第一个镜头的结束点卡在音频的第一个波峰上（图3-19）。

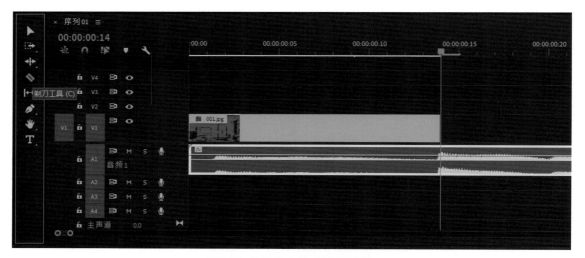

图3-19 工具栏上的"剃刀工具"

按下键盘的空格键，就可以预览视频效果了。可以边预览边观察音频波形，会发现当音频处于波峰的时候，正好是音乐的节奏点。其实制作卡点视频的方法，就是将镜头与镜头之间的连接处，放在音频波峰的位置。

接下来，就可以继续把素材拖动到时间轴上了。

拖动已导入的"002.jpg"到时间轴上，放在"001.jpg"的后面，会发现"002.jpg"在节目监视器并没有完全显示出来。这是因为设置的序列大小是1920×1080像素，而"002.jpg"是2600×1456像素，因为素材比序列的尺寸大，所以超出的部分没有显示出来。

这种素材与序列尺寸不符，在剪辑中是很常见的，这就需要调整素材的大小、位置或角度，以适应和匹配序列的尺寸。

在时间轴上选中要调整的"002.jpg"，在"效果控件"面板中，会显示出该素材的所有参数。如果Premiere的主界面中没有"效果控件"面板，需要执行菜单的"窗口"→"效果控件"命令，就可以在主界面中打开"效果控件"面板进行操作了。

在"效果控件"面板，"位置"后面的两个参数用于调整素材横向和纵向的位置；缩放用于调整素材的大小；旋转用于调整素材的角度。这里需要将"002.jpg"的缩放参数调整为74左右，即将素材缩小至原尺寸的74%左右，和序列大小保持一致（图3-20）。

将素材按照命名的顺序，并对应音频波峰的位置，依次在时间轴上排列好。

因为前面的素材都是图片，没有动态效果，用"剃刀工具"剪辑的时候，只会改变素材在时间轴上的时长，不会减少内容。而将序列图的文件拖拽入时间轴以后，因为是动态的，如果还是用以前的剪裁方法，会删除掉被裁减掉的内容。如果只是希望改变播放的时长，而内容需要保持完整的话，可以在工具栏上，用鼠标按住第三个工具，在弹出的浮动菜单中选择"比率拉伸工具"，或者按下快捷键"R"键，放在动态素材的结尾处，用鼠标拖拽，就可以通过改变动态素材的播放速度，来达到改变素材时长的目的（图3-21）。

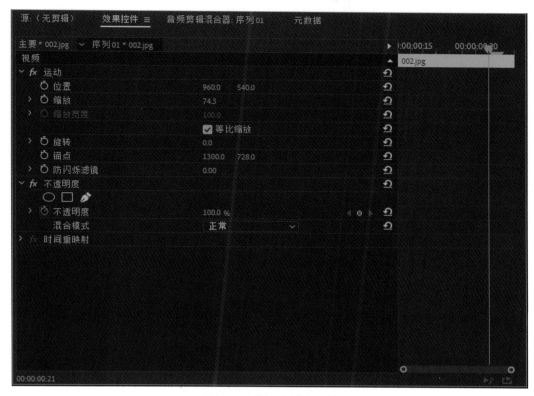

图3-20　"效果控件"面板

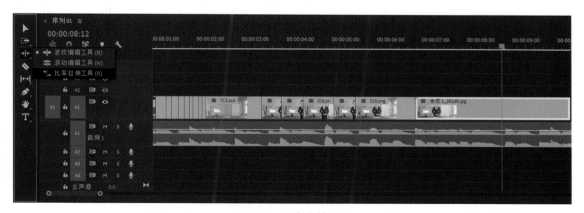

图3-21　比率拉伸工具

因为背景音乐只有10秒钟，所以排列好最后一个序列图素材后，将超出10秒的部分剪掉。

把已导入的"证件出场动画.mov"拖入时间轴的V2轨道，放在整个剪辑视频的最后面，因为该素材是有透明背景的mov格式，可以把下面V1轨道的画面透出来，这样就形成了两个素材合成在一起的效果（图3-22）。

图3-22　合成素材

3.3.3 成片输出

完成剪辑以后，就需要进行成片输出了。

目前短视频最常用的格式是mp4格式，各大短视频平台也都推荐上传视频的格式为mp4或flv，因为可以在后台更快地实现转码。

在Premiere中点击一下时间轴，再执行菜单的"文件"→"导出"→"媒体"命令，或按下快捷键Ctrl+M，就可以打开"导出设置"面板。

将"格式"设置为"H.264"，这样导出来的视频就是mp4格式。如果"格式"项呈灰色不可选状态，可以取消上面的"与序列设置匹配"项的勾选（图3-23）。

图3-23　导出设置面板

频的梦幻感。再调整"羽化"值为100，让过渡更加柔和。如果要调整为内投影效果，将"数量"改为负值即可（图3-36）。

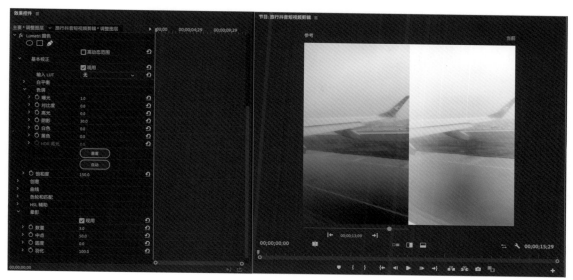

图3-36　调整晕影效果

剪辑的这几段视频素材，虽然拍摄的角度、位置都差不多，但因为是手持拍摄，还是会出现一些偏差，再加上场景的切换，会使镜头之间的连接有些生硬。这就需要在Premiere中，为镜头之间的连接处添加一些转场效果。

进入"效果"面板，逐次打开"视频过渡"→"溶解"文件夹，用鼠标左键将"交叉溶解"效果拖拽到前两个镜头之间的连接部分，这时该位置就会出现"交叉溶解"的小方块，按下空格键预览，会看到两个镜头之间加入了渐隐渐入的动态转场效果（图3-37）。

在时间轴上选中"交叉溶解"效果，"效果控件"面板中就会显示出相关的参数，可以在"持续时间"中调整转场的时间长度，还可以在"对齐"的下拉菜单中设置转场出现的具体位置（图3-38）。

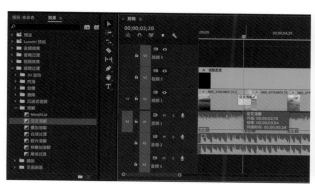

图3-37　添加"交叉溶解"转场

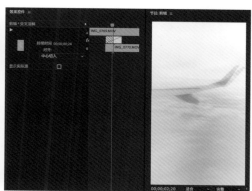

图3-38　调整转场的相关参数

在其他的镜头连接处也添加"交叉溶解"效果，让整个片子的镜头过渡更加自然。至此，整个片子的剪辑制作就全部完成了，最终的工程文件如图3-39所示。

图3-39 本案例的工程文件

在一部短视频制作完毕进行发布的时候，可以尝试多平台发布，即把这部短视频发布在所有符合要求的短视频平台上。而这些平台可能会对短视频的尺寸规格有不同的要求，这就需要将制作完成的短视频输出不同规格尺寸。

最终的成片输出，可以在"基本视频设置"中，取消勾选尺寸后面的选项，这时就可以对输出视频的宽度和高度进行调整，然后再点击"导出"按钮输出（图3-40）。

图3-40 导出设置

第4章

Premiere剪辑与制作

看视频作品鉴赏学习
添加学习助手获取服务

　　剪辑一部视频作品，需要的素材量往往是巨大的。以前文中提到的《LOOK君带你看第十一届全国民族运动会开幕式》的Vlog为例，最终成片的时间长度是4分钟，但实际拍摄的视频素材达到了236个，总长度将近两小时，共10.56GB（图4-1）。

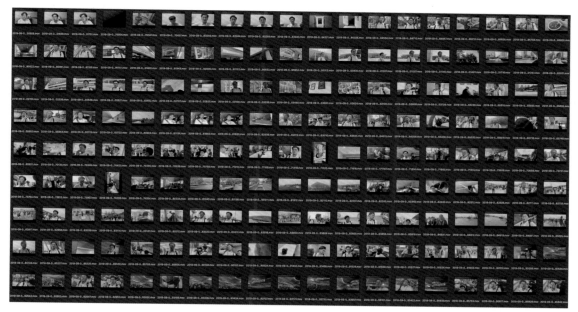

图4-1　Vlog拍摄的素材

　　很多视频素材在剪辑时不能直接使用，需要改变其播放速度，甚至进行倒放处理。

　　在之前的案例中，视频作品都是以背景音乐为主导，根据背景音乐的节奏、长度进行剪辑的。但在实际的项目中，所有一切都要为内容服务，例如一个美食视频，完整展示出来要3分钟，但是背景音乐的时间长度只有2分钟，这就需要对背景音乐进行剪辑。

4.1 播放速度的调整、倒放的设置 ▶▶▶

　　在Premiere中，对素材播放速度、倒放的设置都在"剪辑速度/持续时间"面板中。

　　一般都会在时间轴上选中要调整的素材，按下鼠标右键，在弹出的浮动菜单中，点击"速度/持续时间"命令（图4-2）。

　　也可以通过执行菜单的"剪辑"→"速度/持续时间"命令，或者直接按下键盘上的快捷键Ctrl+R来打开"剪辑速度/持续时间"面板。

　　在"剪辑速度/持续时间"面板中，"速度"是用来控制素材的播放速度的，数值越高，播放速度越快，反之则播放速度越慢。调整完速度参数以后，下面的"持续时间"选项中会显示素材调整后的具体时间长度。

如果需要倒放，可以勾选"倒放速度"选项（图4-3）。

图4-2　在时间轴上点击"速度/持续时间"　　　　图4-3　"剪辑速度/持续时间"面板

4.1.1　案例演示：充满动感的路上

笔者在上班的时候，用行车记录仪拍下了行驶在路上的全过程。但是这段视频长达5分钟，现在想把它压缩在15秒左右，体现出上班的紧迫性，以及增加画面的动感（图4-4）。

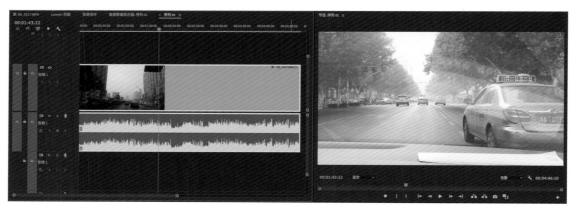

图4-4　原始素材

在Premiere中新建一个项目，并新建一个标准1080p的序列。

这时会出现一个问题，该素材的尺寸是3840 × 2160像素，比序列1920 × 1080像素的尺寸大得多。当把素材拖入序列的时间轴上时，会弹出来"剪辑不匹配警告"窗口（图4-5）。

这是因为序列是1080p，而素材是4K的，尺寸不匹配，所以会弹出窗口询问以哪个尺寸为

图4-5　弹出警告窗口

主。这里选择"保持现有设置"，以序列的1080p尺寸为准。

　　素材到了时间轴上以后，因为本身尺寸比序列大，所以有相当一部分在画面外，没有显示出来（图4-6）。

图4-6　原素材和时间轴的画面对比

因为画面较大，可以调整一下素材的位置，进行二次构图。

　　在时间轴上选中素材，进入"效果控件"面板，调整"位置"后面的两个参数，将画面调整到合适的位置（图4-7）。

图4-7　调整素材位置

在时间轴上按鼠标右键点击素材，再点击"速度/持续时间"命令，弹出"剪辑速度/持续时间"面板，调整"速度"参数；也可以直接在下面的"持续时间"中输入具体的时间长度，这样其他参数也会自动匹配（图4-8）。

图4-8　调整素材的持续时间

再在"剪辑速度/持续时间"面板调整"时间插值"为"帧混合",画面就增加了运动模糊效果,速度感更强(图4-9)。

图4-9 将时间插值改为帧混合

这时按下空格键预览,会发现画面变得非常卡顿,这是因为播放速度加快了几十倍,电脑计算比较吃力。可以点击节目面板右下方的下拉菜单,将"完整"改为"1/4",这样预览的画质就变为完整画质的四分之一,能够极大地节省系统资源。

素材中间有一段等红灯的内容,会使整个画面停顿一下,可以直接将等红灯的部分删除,让整段画面的运动效果更加流畅(图4-10)。

图4-10 剪掉等红灯的部分

使用"剃刀工具",将素材在进入单位大门的位置剪开,并对后面部分按下右键,在"剪辑速度/持续时间"面板中,调整速度为"100",切换回正常速度。这样片子先以超快的播放速度表现上班路上的急迫感,尔后在进单位大门那一刻又切回正常的播放速度,这就增加了片子的节奏变化(图4-11)。

图4-11　在进单位大门时切换为正常速度

导入背景音乐，这是一段赛车游戏的音乐，前两秒是准备的声音，所以将前两秒的视频也用正常速度播放，这就使整个短片的节奏有了"慢–快–慢"的变化。

由于播放速度的加快，视频素材自带的音频会出现尖锐的变化，可以激活该音轨前面的"M"按钮，将该音轨静音，只保留另一音轨上背景音乐的声音（图4-12）。

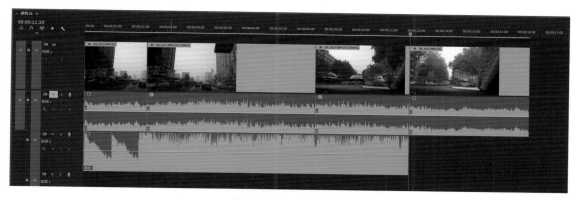

图4-12　加入背景音乐

全部剪辑制作完以后，按下键盘的Ctrl+M快捷键，进行输出。

4.1.2 案例演示：飞起的耳机

Premiere可以对视频进行倒放，很多在现实中难以实现的效果，可以通过倒放来实现。

本案例中，想要的效果是：双手拍在桌子上，将盒子里的耳机震出来。

在现实中，除非手劲很大，或者桌子是弹性材料特制的，否则根本不可能实现这样的效果。但是如果反过来想，先把双手放在桌子上，等耳机落到盒子里，再把手抬起来，再在Premiere中将该动作倒放，就能生成双手将耳机震出来的效果。

但是，因为耳机落下的速度较快，如果希望得到较好效果的话，不但需要倒放，还需要放慢耳机下落的播放速度。

将视频素材导入Premiere，在"项目"面板中用鼠标右键点击素材，在浮动菜单中点击"属性"命令，可以查看该素材的所有参数。其中"帧速率"为119.99，即每秒钟有120帧（图4-13）。

图4-13　查看素材的属性

　　这种高帧速率的镜头一般被称为升格镜头。升格镜头指的是电影摄影中的一种技术手段，以高于正常24帧/秒的帧速率进行拍摄。这种镜头最大的好处就是，可以在剪辑软件中放慢播放速度，进行慢动作播放。

　　普通的每秒25帧的视频，如果播放速度慢一倍，就会变成每秒12.5帧，流畅度会大大降低。而本案例中的素材是每秒120帧，可以将播放速度放慢4.8倍，以每秒25帧的正常速度播放，能够保证视频的流畅度。

　　新建一个标准1080p的序列，并将该视频素材拖动到时间轴上，按下Ctrl+R快捷键打开"剪辑速度/持续时间"面板，勾选"倒放速度"选项，并按下"确定"键，这时时间轴上的素材就会显示为"−100%"，进行倒放（图4-14）。

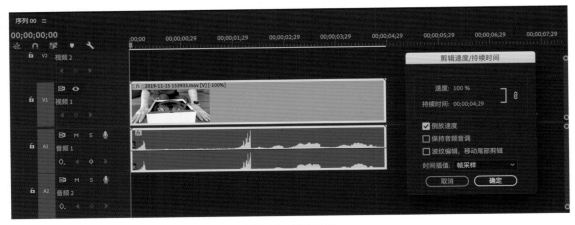

图4-14　倒放设置

　　倒放后的视频其实分两部分，第一部分是手落在桌子上，这部分可以正常速度播放，而后面部分是耳机飞起来，因为速度太快，需要对其进行慢放处理。

　　先使用"剃刀工具"将视频裁剪开，选中后面耳机飞起来的部分，在"剪辑速度/持续时间"面板中修改"速度"为20%左右，将其播放速度放慢5倍左右（图4-15）。

图4-15　调整倒放速度

按下空格键播放，就可以看到手用力地拍了一下桌子，耳机以慢动作的效果飞了起来。

因为拍摄时的时间差，导致手拍到桌子上以后，顿了一下耳机才飞起来，所以可以再细致地把多出来的几帧删掉。

4.2 镜头连接的方式 ▶▶▶

在剪辑之前，需要先了解下镜头之间是怎样进行连接的。

4.2.1 动态镜头衔接

镜头与镜头的衔接是有一定规律可循的，相互之间有一定的联系，带给观众的感觉是转场很自然和顺畅。

接下来，通过一个简单的案例来展示一下这种动态镜头衔接的方式。

现在有两段素材，一段手里拿着饮料瓶，另一段手里拿着水杯。虽然两者所处的机位、位置都没有任何变化，但直接硬切的话，还是会给观众带来镜头画面很"跳"的感觉（图4-16）。

图4-16　两段视频素材硬切

其实就像魔术师在台上表演魔术一样，如果仔细观察，会发现魔术师在将一个东西变成另一个东西时，都会有一些运动。例如会先把手绢卷起来，再变出一只鸽子；会先把一张扑克牌放下，再翻过来变成另一张。这是因为物体在运动的时候，如果速度够快，会产生运动模糊（Motion Blur），这时再进行切换，就不易被观众所发现。

在视频中也可以用这样的方法进行转换。比如上面的两段素材，如果手拿着杯子和饮料瓶从画面右侧往左侧运动，再将两者剪辑在一起，并加入"交叉溶解"转场的话，整个切换的过程就显得很流畅了。这就像是在视频中变魔术一样，只需要将物体运动起来，产生运动模糊（Motion Blur），再进行切换就可以了（图4-17）。

图4-17　两段视频运动转切

4.2.2 多镜头完成事件

镜头不要固定一成不变。如果一直是近景或远景镜头，那么观众很容易陷入视觉疲劳。合理的远近结合，让镜头一会儿拉近一会儿放远，就可以让画面更灵动，内容更充实。

比如拍摄一个人上车的场景，可以先拍这个人走向车的全景镜头，然后将镜头改为近景甚至特写，拍摄手拉车门的动作，再拍脚部抬起跨上车的特写动作，最后再用中景拍摄她进入车内。整个视频由多个镜头组成，而且让景别有了变化。

拍摄一些很简单的事情，不仅需要进行镜头的拆分，还要将整个动作都拆分。

比如洗脸是一件很常见的事，在生活中可能这是一气呵成的一系列动作，可是在Vlog里面需要把动作拆分：拧卫生间门把手，进门，看看镜子，打开水龙头，手接水，用水冲洗脸，拿起洗面奶，挤洗面奶，搓出泡沫，抹脸，冲洗干净，拿毛巾，擦脸，等等。

如果想让自己制作的快闪Vlog水平再提高一些，可以从运动镜头的设计开始，让多个运动镜头进行衔接，常见的方式有以下几种。

① 发现：先拍一些远离情节中心的镜头，然后通过镜头运动来展现的一个场景。

例如，摄像机先拍摄床头柜上边的闹钟响起，这时候一只手伸向闹钟，然后通过镜头移动，发现了床上的主人公，之后展开故事情节……

② 镜头后拉：情节中心一直在画面中，拍摄设备向后移动，用来展示一个场景的真实所处范围，使观众理解角色或者情节所处的环境。

例如，拍一个女孩子品尝当地美食，可以先拍吃东西的细节，比如把食物送到嘴中，然后镜头后拉，展示女孩子的座位；再后拉，展示店家以及拥挤的人群……

③ 镜头推进：拍摄设备不断向前推，用来展示主人公的主观视角向前移动，多用于旅游、街拍等需要运动的主题。

例如，拍一个出门远行的主题，可以把镜头向前推，推到门口，打开家门走向前面的街道，上出租车，到达目的地后一直向前走，镜头逐渐推向远方的美景……

4.3 案例演示：快剪旅途 ▶▶▶

本案例要展示的是出行过程，先搭乘地铁去高铁站，再乘坐高铁去目的地，全程使用快剪的形式，在20秒内展示完毕。

整个案例从进入地铁站开始。素材是一段时间长达46秒的下楼梯视频，作为全片的开头部分，剪辑时打开"剪辑速度/持续时间"面板，将它的"持续时间"改为3秒钟，并将"时间插值"类型改为"帧混合"，增加画面的动感（图4-18）。

图4-18　调整开头素材的速度

下到地铁站以后，就可以接上买票的素材，这里可以尝试着使用变速的效果来制作。将该素材用"剃刀工具"裁剪为3段，前两段都只加速到300%，而中间的一段加速到2000%，就可以形成先缓慢推近，然后快速向前推近，再放慢速度的"慢-快-慢"的播放效果，以增加画面的节奏感。将三段素材的"时间插值"类型都改为"帧混合"（图4-19）。

图4-19　调整素材的变速效果

接下来，可以按逻辑进行一组镜头画面的快速剪辑。大家可以想一下，拿到地铁票以后，接下来要做什么？一般都会是刷卡、找站台、等地铁进站，所以这几个镜头画面就可以依次排列在时间轴上（图4-20）。

图4-20　一组快速剪辑的画面

继续以线性的思路进行剪辑，例如进入车厢、坐在地铁内、到站、出地铁、扶扶梯、进高铁站等。这一过程其实没有太多实质性的内容，可以快速剪辑（图4-21）。

图4-21　快速剪辑

然后，再跟一组高铁站的镜头，例如展示车票、走进车厢、列车员查票等（图4-22）。

图4-22　高铁站快速剪辑

最后，可以加入高铁抵达站点的镜头，以展示到达目的地。

关于背景音乐，可以有两种选择。一是在剪辑之前，先找好背景音乐，根据节奏点进行剪辑。二是剪辑完成以后，再添加合适的背景音乐。这两种形式没有对错之分，剪辑师可以根据个人喜好来制作。本案例制作完成的工程文件如图4-23所示。

图4-23　本案例的工程文件

4.4 综合案例演示：美食短视频的剪辑与制作 ▶▶

美食的制作过程是美食短视频的重中之重。一般情况下，一个美食短视频的时间长度都在

2～5分钟左右，在这么长的时间内，要展示每一个制作步骤，并让观众有耐心看下去。

在剪辑制作之前，先要把拍摄的素材整个看一遍。如果拍摄比较细致的片子，在条件允许的情况下，同一个场景、机位和步骤，往往会拍摄好几遍（图4-24）。

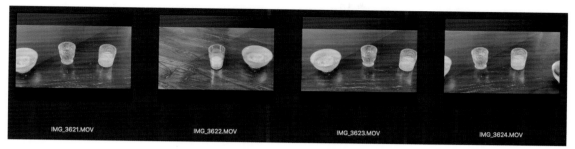

图4-24　原料展示的镜头拍摄了4遍

在本案例的中期拍摄中，不但用到了运动镜头，而且其他的固定镜头中，制作人员甚至道具、原料都是运动的。在前期的素材筛选中，要特别注意镜头是否有抖动，以及拍摄的画质是否因运动过快出现动态模糊，如果画质不行，最好不要在制作中使用（图4-25）。

图4-25　左图为因抖动无法使用的镜头素材

4.4.1 画面剪辑

筛选完素材后，就可以导入Premiere中进行制作了。初学者可能会执着于是将所有素材都导入Premiere软件中去筛选，还是在硬盘中筛选完再导入Premiere中。其实这跟制作者的使用习惯有关。个人建议还是在硬盘中使用播放软件查看进行筛选，然后再把需要的镜头素材导入Premiere中，这样可以保证Premiere项目面板的整洁和清晰。

打开Premiere软件，新建一个名为"美食短视频剪辑"的项目，还是使用"ARRI 1080p 25"的预设创建一个"美食短视频剪辑"的标准1080p序列。

拍摄的时候，手机也会自动记录下声音。有些环境音是可以保留的，但有些镜头在拍摄的时候会有拍摄人员的说话声，这些肯定是要去掉的。

将镜头素材拖入时间轴，同一个素材会有视频和音频两个轨道。正常情况下，这两个轨道是链接在一起的，如果需要将音频删除，可以点击右键，在弹出的菜单中点击"取消链接"的命令，这样音频和视频就可以被单独选中编辑了。将不需要的有人声的音频剪掉或删除，只保留视频就可以了（图4-26）。

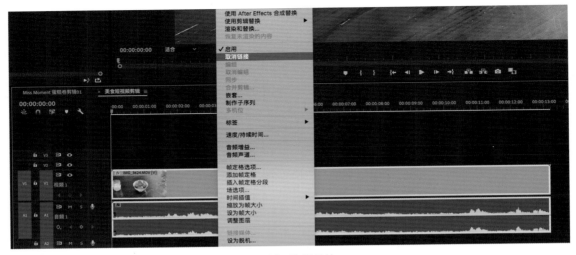

图4-26　取消链接

　　首先，通过摇镜头来展示5种制作美食的原材料，之后就要进入正式的制作环节了。

　　脚本中镜头4的内容是："磕开鸡蛋的蛋壳，并分离蛋黄和蛋清"。这个步骤因为要磕开4个鸡蛋，所以换了多个景别进行拍摄，视频素材比较多。第1个镜头使用全景，展示桌子上摆放的各种原料和道具。接着下一个镜头可以跟特写，但是尤其要注意的是，一定要把制作人员的手部动作连起来。例如本案例中选择的连接点是，鸡蛋磕开以后蛋黄往另一半蛋壳里倒的一瞬间。对于相连的两个镜头，动作保持一致的话，观众就能很自然地将两个镜头连接起来（图4-27）。

图4-27　两个镜头的连接点

　　分离完蛋黄和蛋清以后，需要有一个展示的镜头，可以用全景来展示（图4-28）。

图4-28　展示蛋黄和蛋清的分离

　　如果一直展示制作过程，难免有些单调，剪辑时可以穿插一些制作人员的镜头，使内容更加丰富，借此也可以增加短视频的情节性（图4-29）。

图4-29　适当穿插一些制作人员的镜头

　　接下来的几个步骤都是需要长时间地充分搅拌，如果直接去展示，一个步骤就要一分钟以上，时间太久。一般来说，这种情况有两种处理方式：

　　第一种是将开始搅拌和搅拌完成的两部分剪开，将中间的搅拌部分加速，即把一分钟的镜头加速10倍，用6秒钟就播放完成，但如果整片是慢节奏的悠闲风格的话，画面突然加速过快会影响整片的氛围。

　　另一种是直接把中间部分去掉，开头和结尾部分多保留一些内容，按照正常播放速度，通过"交叉溶解"的转场，将两部分结合在一起（图4-30）。

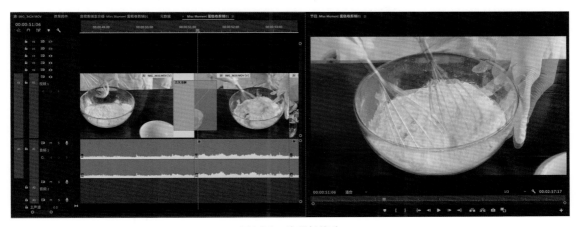

图4-30　处理长镜头

　　在剪辑制作的时候，可以和美食制作人员一起，多听取一些她们的想法。例如通过交流得知在展示打奶油步骤的过程中，使用电动打蛋器完成搅拌并提起来的时候，奶油表面会被提出来一个尖尖的形状，这就是奶油打好了的标志，因此这个尖尖的形状要着重展示（图4-31）。

图4-31　奶油尖尖形状的特写展示镜头

在展示烤制步骤时，为了表现时间的流逝，在把托盘放入烤箱以后，穿插了一段城市的延时摄影，展示了天空中云的流动和车水马龙的街景，然后再接烤箱中的延时摄影镜头，展示面糊逐渐变化的过程，最后再接把烤箱打开，戴着隔热手套的双手将托盘从烤箱中拿出的镜头。这样就将几十分钟的烤制时间，通过剪辑缩短为20秒左右（图4-32）。

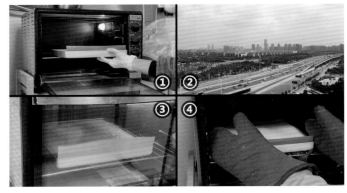

图4-32　使用延时摄影来展示烤制过程

脚本第15镜头的内容是："将奶油平涂在蛋糕底的表面"。在实际的拍摄中，该步骤的时长达到了1分17秒。通过观看视频素材，这个步骤的内容其实是从旁边的玻璃碗中盛出一块奶油，再放在蛋糕表面，重复做五六次。通过剪辑，只保留把奶油放在蛋糕表面的动作部分，这样就可以节省展示时间（图4-33）。

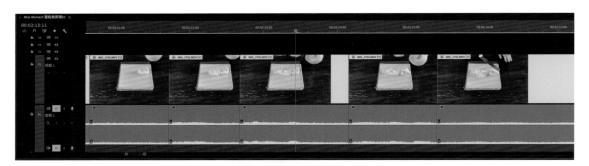

图4-33　剪辑铺奶油的过程

剪辑美食短视频的时候，一定要让每个镜头都有适当的运动。但是这种运动不是随意的运动，而是有章法、讲究技巧的运动。比如说在奶油蛋糕卷制作结束以后，需要展示摆盘效果，如果直接切换到摆好盘的画面就会有点突兀，这时最好加入摆盘过程的画面，例如制作人员双手将切好的奶油蛋糕卷轻轻放在盘子上。这样细节性的呈现形式，往往能唤起观众对食物的兴趣，并收获不错的效果（图4-34）。

图4-34　剪辑摆盘的过程

片尾部分是要充分展示美食的，可以视素材的多少，来进行多景别的切换。如果有特意设计过的效果，也可以用上。本案例在拍摄中，有一场逐渐将所有照明设备都关闭的动态效果，就用在了剪辑的结尾处（图4-35）。

图4-35　片尾展示部分的剪辑

　　粗剪完正片以后，从头到尾看一遍，可以发现全片节奏比较紧凑，时长约2分48秒（图4-36）。看的过程中也可以让一些朋友来一起提提意见。如发现有必须调整的地方，或者有提升作品效果的良好建议，应权衡利弊后及时进行完善。

图4-36　正片粗剪完以后的工程文件

4.4.2 背景音乐和声音剪辑

　　为了让整个视频看起来更加完美和谐，在短视频制作后期通常要给视频加入背景音乐。需要注意的是，加入背景音乐的目的是让视频整体更丰满，所以在选择背景音乐时，一定要根据视频的内容以及整体的调性进行，不能与视频内容产生割裂感。另外，拍摄时录下的环境音也要保留，例如剪辑时搅拌器和玻璃器皿的碰撞声的添加，会使观众更有代入感。

　　奶油蛋糕卷是一款下午茶的甜点，因此整片的风格应该是比较轻松、悠闲，甚至有点小欢快，所以在搭配背景音乐的时候，也要尽可能和这种风格保持一致。

　　短视频的背景音乐的获取通常有两种方式：

　　① 找专业的音乐团队做原创。优点是可以根据短视频的画面风格、时间长短来量身定制，缺点是花费一般较高。目前这种原创音乐在市场上的售价在几千到几万元一支不等。

　　② 在网上找一些免费的资源，这是目前短视频行业最普遍的做法。优点是花销很少甚至没有，缺点是需要反复寻找适合所制作的短视频风格的音乐，而且会存在时长不一致的情况，这就需要对背景音乐进行二次剪辑。

　　本案例中，正片粗剪的时间长度是2分48秒，而背景音乐的长度是1分37秒（图4-37）。

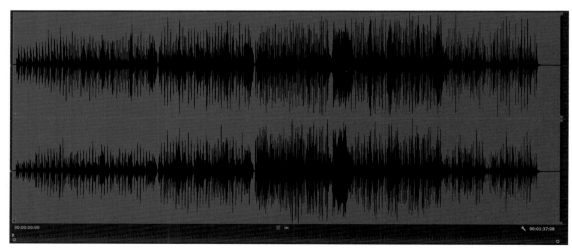

图4-37　背景音乐的波形效果

正常情况下，音乐都会分为前奏、间奏和尾声几个部分。其中前奏和尾声都有特定的作用，因此剪辑背景音乐，主要是剪辑间奏部分。

剪辑之前，可以先对间奏部分的波形效果进行仔细观察，挑选波谷的位置作为剪辑点，反复听一下，看是否有较为重复的旋律，再将它们剪辑出来，并通过复制的方式，将该部分旋律多重复几次，以达到延长背景音乐的目的。

如果剪辑的两段音乐连接得有些突兀的话，也可以执行菜单的"窗口"→"效果"命令，打开效果面板，点开"音频过渡"→"交叉淡化"文件夹，找到"恒定功率"效果，使用鼠标左键将其拖动到两段背景音乐的结合处，就能产生柔和过渡的效果（图4-38）。

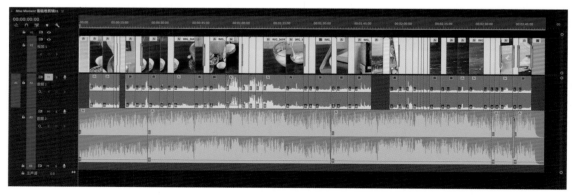

图4-38　背景音乐剪辑

如果希望将背景音乐剪短，也可以剪掉间奏部分中的重复旋律。

所有的声音文件，都要通过剪辑的方式改变其时间长短，尽量不要使用改变"剪辑速度/持续时间"的方法，这样会使音色改变较大。尤其对于人声，播放加速后声音会变得很尖锐，减速后声音会变得很苍老。

视频素材中还有很多的环境音，例如搅拌器的声音、与玻璃器皿撞击的声音等，这些声音可能会与背景音乐有冲突，这就需要将环境音调低一些。现在的环境音频是对应着不同的视频素材的，所以数量比较多，如果按照正常的调整方式，需要在时间轴上一个一个选中环境音频，再在"效果控件"中逐个将"音频"中的"级别"参数调为负数（图4-39）。

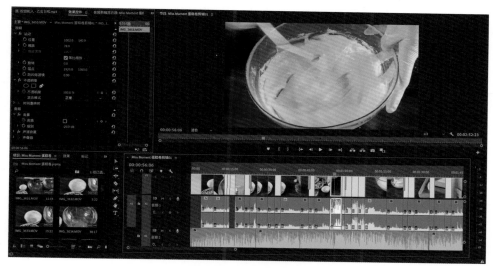

图4-39　逐个调整环境音频

如果希望一次性整体调整环境音频，可以通过以下两种方法来实现：

① 首先要确认所有的环境音频都在同一个音频轨道上，案例中它们都在"A1"轨道上，点击"A1"下面的 图标，在弹出的浮动菜单中点击"轨道关键帧"→"音量"命令，然后在该音频轨道的中间会出现一条横线，用鼠标左键按住该横线，向下拖动就是将该轨道整体音量调低，反之就是将整体音量调高（图4-40）。

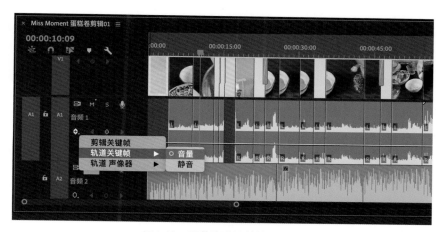

图4-40　调整轨道关键帧的音量

② 在时间轴上选中所有要调整的音频，按下鼠标右键，在弹出的浮动菜单中选择"音频增益"，然后调整"标准化所有峰值为"后面的参数，负数为降低音量，正数为增加音量，调整完后按下"确定"按钮（图4-41）。

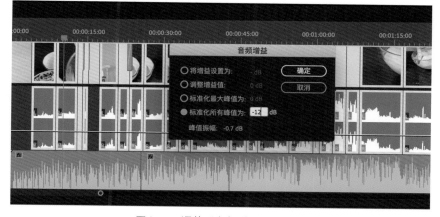

图4-41　调整"音频增益"的参数

第5章

Premiere调色和特效

看视频作品鉴赏学习
添加学习助手获取服务

　　Premiere自带了数百种调色和特效，绝大多数都自带可调整的参数，而且可以通过设置关键帧来制作动画效果（图5-1）。

图5-1　Premiere自带的特效和转场

　　调色的作用，就好像是"用光和影为影视作品补妆"。在视频制作中，优秀的画面色调能让观众更顺利地融入视频作品的情景中，让色调最大化地渲染视频作品的情绪氛围。

　　为什么要进行调色呢？因为原始素材或多或少都存在一些问题，例如曝光、色偏等，这就需要通过调色来进行调整和解决。还有一些特效，可以使视频画面呈现更多的风格，并能产生一些动画效果，从而创建出复杂的视觉效果。

　　Premiere中调色和特效的使用都很简单，直接将它们拽到时间轴的原始素材上面，或者在时间轴上选中素材，然后双击想要使用的效果即可。添加效果后，还可以在"效果控件"面板中调整其相应的参数并设置关键帧。

5.1 Premiere的高级调色 ▶▶▶

　　调色是所有视频制作中必需的操作之一。在Premiere中，可以直接点击正上方的"颜色"，将软件界面布局切换为"颜色"工作区，这时会多出"Lumetri颜色"和"Lumetri范围"等面板，更加方便地对素材的颜色进行调整。

5.1.1 画面分析

　　画面分析是指使用肉眼或工具，对画面的色相（Hue）、饱和度（Saturation）、亮度（Brightness）进行分析，判断画面是否有色偏（Color Cast）等需要平衡（Balance）的问题。

（1）**肉眼观察**

每个人都有自己的色感。前期的画面分析可以通过自己的肉眼，对画面进行观察，做出比较感性的判断。如果画面色偏特别严重，不需要进行什么专业训练，就能看出问题。但对一些很微妙的色偏，则需要通过专业的训练方法才能看清。

要判断的主要有：画面的对比度是不是过强？有没有色偏？是不是只有某个区域或时间段出现了色偏？暗部或阴影在哪里？一些特定的颜色，例如天空的蓝色、皮肤的颜色等是否准确？这些都需要长期有针对性的训练，才能通过肉眼判断准确。

（2）**工具观察**

Premiere内置了对画面分析的相关工具，可以打开"Lumetri范围"面板，点击鼠标右键，在弹出的浮动菜单中点击打开任意的画面分析图，其中比较常用的有矢量示波器、直方图、分量和波形。这些工具可以生成一些图形，使调色师们能够直观地看到画面中色相、饱和度和亮度等信息的分布情况，从而得出准确的判断。

波形分析图的两个方向：纵向是对亮度信息的展示，纵坐标的顶部显示画面亮部的信息，底部则显示画面暗部的信息；横向是对色相信息的展示，由左到右分别是红（Red）、绿（Green）、蓝（Blue）三色。

如图5-2所示，左侧是未经处理过的原始画面，通过波形分析图上显示的信息可以读出，其主要色彩都集中在顶部和底部，中间部分的颜色分布很少，这就说明该画面暗部过于暗，亮部过于亮，对比太强烈；右侧是处理后的画面，从波形示波器上可以看到，色彩分布区域更广，画面的中间色区域加入了大量的色彩，暗部和亮部的分布也不那么极端了，这样的画面是合格的。

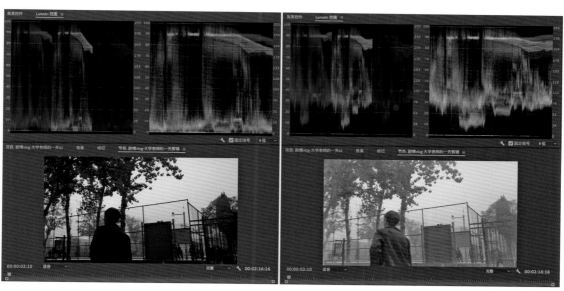

图5-2 "Lumetri范围"面板的画面显示对比

同理，如果波形分析图中某种颜色分布区域太广，而其他颜色区域很小，则证明该画面色偏较为严重。如果颜色分布区域都在波形分析图的上部，则证明该画面过亮，曝光过度。反之，如果色彩分布区域都集中在底部，则画面太暗，需要提高曝光度或亮度。

在了解了画面的基本情况以后，就可以有针对性地对画面进行调色了。

5.1.2 一级调色

一级调色的最基本任务就是要"平衡"画面，即不能出现"不需要"的色偏，画面不能过亮或过暗等。

具体来说，一级调色也可以分为三个步骤，即整体—局部—整体。

（1）整体

调色之前先要熟读脚本，明确视频的基调。因为视频中的色彩也参与了叙事，所以在调色工作进行之前，必须先了解脚本所讲述的故事。例如恐怖、悬疑题材的视频，画面可以暗一些，饱和度低一些，而积极向上的视频，画面需要偏暖一些，亮度高一些。

一个视频作品是由多个镜头组成的，每一个镜头在拍摄的时候，会受到各种条件的影响，例如光源、角度、场景、拍摄参数不一样，会造成镜头的色相、饱和度和亮度不一样。这就需要针对每一个镜头画面的问题进行具体调整。

比较有效的方法是，先找到一个有代表性的镜头，将它调至最佳效果，然后再按照该镜头的画面效果去调整其他镜头。

（2）局部

明确了整体画面基调以后，就需要针对每一个镜头去单独调整了。调整时可以按照明暗、灰阶范围、色彩平衡、饱和度的顺序来进行。

1）明暗

明暗是指画面最光和最暗的部分应该是什么效果。

拿到一个镜头以后，先来看一下画面中最亮的部分是天空、皮肤还是哪个部分，然后看一下这部分是否存在曝光过度的情况。通过调整该部分的亮度，来控制画面中的最高亮度。接下来按照同样的办法，将暗部区域调整好。

除了调整亮度以外，还可以通过调整颜色的方式来调整明暗。例如在暗部增加蓝色，暗部的亮度会降低，也就是暗部加深；而在暗部加品红，暗部的亮度会提升，即暗部变浅。而在亮部增加蓝色，是会使观众的主观感觉变亮变白的；要想压暗亮部，则可以增加黄色。

2）灰阶范围（Tonal Range）

灰阶范围是指画面中最亮部分与最暗部分之间的变化，画面的灰阶范围越大，画面层次感就会越强，细节就会越丰富。

这一阶段主要是针对画面中间色区域的调整，可以根据实际需要，例如要表现正能量的视频，可以将中间色区域整体调整得偏亮一些，灰阶范围大一些；而如果是表现夜晚或昏暗的效果，则中间色区域要偏暗一些，灰阶范围小一些。

3）色彩平衡（Color Balancing）

色彩平衡是调整色偏的过程。

可以配合画面分析图，尽量将红（Red）、绿（Green）、蓝（Blue）三色的分布区域调整得更广一些，需要分别针对暗部、亮部和中间色区域进行调整。

该步骤可以配合"Lumetri范围"面板中的"曲线（Curves）"工具来调整。原理也很简单，窗口由左下到右上，对应的是画面最暗部到最亮部，分别调整四个窗口中的曲线，就可以对画面的亮度和色相进行处理。以图5-3为例，主要的亮度曲线没有调整；红色窗口中曲线对应的效果是画面亮部增加红色，暗部减少红色；绿色窗口中曲线对应的效果是画面中间色区域增加绿色；蓝色窗口中曲线对应的效果是亮部减少蓝色，暗部增加蓝色。

通过曲线工具，可以有针对性地对画面暗部、中间色区域、亮部的色相进行调整，从而达到整个画面中色彩平衡的效果。

　　4）饱和度（Saturation）

　　饱和度是指色彩的鲜艳程度，也称色彩的纯度。饱和度取决于该色中含色成分和消色成分（灰色）的比例。含色成分越大，饱和度越大；消色成分越大，饱和度越小。纯的颜色都是高度饱和的，如鲜红、鲜绿。混杂上白色、灰色或其他色调的颜色，是不饱和的颜色，如绛紫、粉红、黄褐等。完全不饱和的颜色根本没有色调，如黑白之间的各种灰色。

　　调整时，需要将相邻镜头画面的饱和度尽量保持一致，尽可能还原出真实的画面效果。

　　画面饱和度的大小会对观众的心理产生影响，例如较高饱和度的画面会使观众心情更加愉悦，而低饱和度的画面会让观众感觉到压抑。

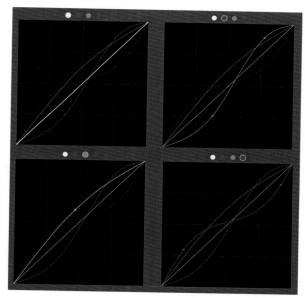

图5-3　曲线调色

（3）整体

　　当每一个镜头的问题都被纠正以后，就需要根据脚本、导演想表达的情绪，进行整体的调色了。

　　如果是一部以美食为主题的视频作品，可以将整体色调设置得偏暖一些，例如黄色、橘色等，这样会让观众更有食欲；如果要表现的是初恋的感觉，可以把整体的暗部提亮一些，饱和度增加一些，使画面形成偏"粉"的日韩小清晰效果；如果是怀旧主题的视频，就需要把饱和度降低，使整体色调偏褐色一些，让画面显得更"复古"一些。

5.1.3 二级调色

　　一级调色影响的是整个画面，而二级调色将其调整限制在某一特定区域或某一颜色范围内。二级调色也可以影响某一灰阶范围，但该范围更具体，而不像一级调色时所针对的暗部、中间部分和亮部那样宽泛。

　　二级调色有三个基本步骤：

　　① 明确所要完成的任务；

　　② 限定画面中的调色范围，且不影响无需调色的区域；

　　③ 在限定的区域内侧或外侧完成调色处理。

　　而这其中最重要的，就是第2步，也被简称为"限定调色区域"。这一步需要利用各种手段将画面的某一区域分离出来进行相关调节，一般有三个基本途径：

　　① 分离出某一颜色或亮度范围，或两者的结合，即分离调色；

　　② 通过图形或蒙版来限定画面区域，即定点调色；

　　③ 将以上二者结合起来。❶

---

❶ [美] Steve Hullfish.数字校色（第2版）[M].黄裕成，周一楠，译.北京：人民邮电出版社，2017:142.

（1）分离调色

分离调色是二级调色中最好的一种方法，如果能完美地把需要调色的区域分离出来，就不用担心摄像机的运动，或者有什么东西从前景划过。

要完成画面颜色的分离，可以在"Lumetri范围"面板中的"HSL辅助"属性中，使用吸管工具点击想要分离出的颜色区域，并根据实际需要，增加或减少选中的区域，甚至对边缘进行模糊处理等。如图5-4所示，通过吸管工具选取了画面中人物皮肤部分，方便单独调整主人公的肤色。

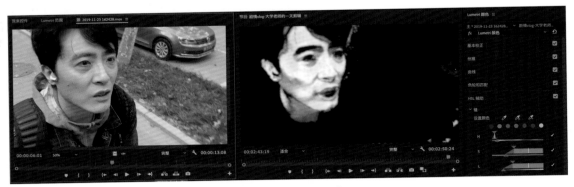

图5-4　选取角色皮肤

选取以后，就可以针对这一区域，调整色相、饱和度或亮度了。

（2）定点调色

定点调色就是在画面上画出某形状区域，并对该区域内侧或外侧进行颜色调整。早期的定点调色只能使用固定的几何形状，例如圆形和矩形来绘制区域。而现在基本上所有的软件都可以使用贝塞尔曲线来绘制自定义的形状，甚至可以跟踪镜头运动。

定点调色适用于那些静止镜头，或者是运动幅度较小的镜头。

定点调色被广泛运用的一种情形是暗角（vignette）处理，即将画面的边角调暗，使观众的注意力集中到画面中心。处理时，通常在画面的正中间加上一个边缘被过度羽化的椭圆形。在Premiere中，可以在"Lumetri范围"面板中的"晕影"属性中，调整"数量"参数，负值为黑色晕影，就是暗角，正值为白色晕影；"羽化"是晕影的过渡效果，数值越高，过渡越柔和，如图5-5所示。

图5-5　画面进行暗角处理前后的对比

5.2 案例演示：自然风光的调色 ▶▶▶

本节将使用一个完整的案例，来介绍一下使用Premiere调色的具体流程。

本案例要调整的是一段使用大疆无人机航拍的山林视频，小路上还有一位老人在走动。将素材导入Premiere中，通过"Lumetri范围"面板的显示效果可以看出，画面色彩信息都集中在中间色区域，亮部和暗部都缺乏色彩（图5-6）。

图5-6　素材的相关色彩信息

对比度的提高可以使色彩向亮部和暗部集中。在时间轴上选中该素材，在"Lumetri颜色"面板中，调整"对比度"为60。在"Lumetri范围"面板上会看到，色彩信息向上下两端，即亮部和暗部分布了（图5-7）。

图5-7　调整对比度

对比度提高以后，画面左上角的亮部有些过曝了。这时在"Lumetri颜色"面板中，调整"高光"值为-60，将画面中过曝区域的亮度压下来，同时，调整"阴影"参数为10，稍微提升一下画面暗部的亮度（图5-8）。

图5-8　调整高光和阴影

接下来要调整画面的色彩，这就需要根据整个视频的基调来进行调整。例如本视频中，要体现出整个山林生机勃勃的感觉，就需要画面更加鲜艳，色调要偏向代表生命的绿色，而现在的画面偏灰，没有体现出山林的青翠和生机。

调整"饱和度"为150，让画面整体鲜艳起来。调整后的山林色调有些偏黄色，调整"色温"参数为-12，减少画面中的暖色，这样山林就青翠起来了（图5-9）。

图5-9　调整饱和度和色温

进入"Lumetri颜色"面板的"曲线"栏中，先点击上面的绿色按钮，这样可以针对画面的绿色调进行调整。按照图5-10中的形状调整曲线，使画面的亮部增加一些绿色。同时，还可以将红色曲线稍稍往下拉一些，减少画面中的暖色。

这时再来观察"Lumetri范围"面板，会发现色彩的分布就很均匀了。

图5-10　调整绿色曲线

经过以上的调色，在"Lumetri范围"面板的"创意"栏中，将"锐化"参数调高至30，使画面中的结构更加突出一些，这样就完成了全部调色（图5-11）。

图5-11 调整锐化

5.3 案例演示：灰片调色对比动画特效 ▶▶

在专业的拍摄设备中，有一种"灰片"拍摄模式，拍出来的视频对比度、饱和度都极低，但在后期调色中，这种"灰片"视频的兼容度极高，经过一些调整，就能呈现出异常出色的画面效果。因此，在高端的企业宣传片、纪录片甚至电影中，普遍都使用高端专业摄像机来拍摄"灰片"模式的视频素材。

本案例所使用到的"灰片"素材，就是使用Sony FS7专业摄像机拍摄的。

5.3.1 灰片亮度调整

将素材导入Premiere中，这是一段倒茶的视频。从"Lumetri范围"面板中可以看到，画面的颜色和亮度等信息都集中在中部，亮部和暗部则完全没有（图5-12）。

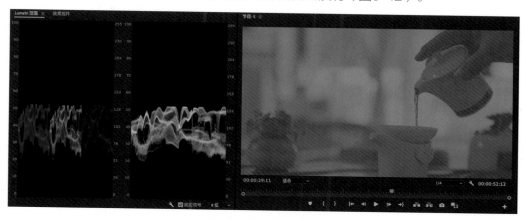

图5-12 灰片的色彩效果

在时间轴上选中素材，进入"Lumetri颜色"面板中，调整"对比度"为100，使色彩信息分布在画面的亮部和暗部区域（图5-13）。

图5-13　调整对比度

在调色中，一定要记得，色彩信息只是起到参考作用，在很多情况下，还是要根据片子的需要来调色。例如在本案例中，主体物肯定是前景的茶壶，但因为是大逆光，主体物是处于画面的暗部区域。如果按照色彩信息去调色，会使主体物太暗而无法突出，这显然是本末倒置的。所以在该素材的调色中，暗部也是要进行提亮处理的。

将"阴影"参数提高到90，让画面暗部，即主体物茶壶提亮一些，再把"高光"提高到10，使虚化的远景稍稍亮一点。观察一下画面，会发现远景中的窗户有些曝光，再把"白色"参数调低至-50，这可以将画面中最亮的区域降低一些亮度（图5-14）。

图5-14　调整亮部和暗部区域

调整高光、阴影的参数，只能单独控制画面的亮部或者暗部，彼此之间没有联系。而曲线可以使整个画面的亮度变化更加柔和，所以很多调色师会使用曲线去对画面进行微调。

进入"Lumetri颜色"面板的"曲线"栏中，将曲线的形状调整为图5-15所示的效果，这样就可以将画面的亮部和暗部进一步拉开。

图5-15　调整曲线

5.3.2 灰片色彩调整

本案例中，要表现的是一种下午茶时光的悠闲感，所以色彩可以更加鲜艳一些。

调整"饱和度"为200，同时再将"色温"设置为-10，这样可以使画面更加鲜艳，同时稍稍偏蓝色调，再将"曝光"也提升一点，使画面更加明亮一些（图5-16）。

图5-16　调整饱和度和色温

再回到"曲线"栏中，点击上面的红色按钮，将红色曲线调整为如图5-17中所示的形状，这样就可以降低画面亮部的红色，即远景的窗户区域会偏小清新的绿色，而近景的主体茶壶部分会添加红色，让茶具和茶水偏暖色。

图5-17　调整红色曲线

5.3.3 对比动画特效制作

接下来将使用"效果控件"中"不透明度"的蒙版，并配合关键帧，来制作该素材的调色前后对比动画特效。

因为要做对比，所以需要两个素材。按着Alt键，在时间轴上将该素材向上拖动，在新轨道上复制一个出来。选中上面的素材，在"效果控件"面板中，点击"Lumetri颜色"前面的"切换效果开关"按钮，将调色效果关闭。这样，上面轨道上的素材是调色前的效果，下面轨道上的素材则是调色后的效果（图5-18）。

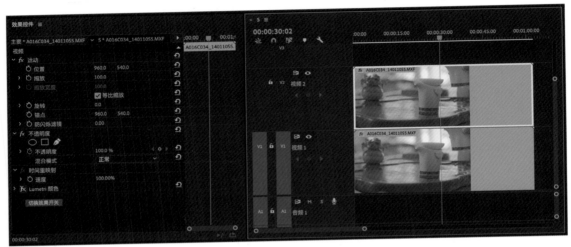

图5-18　在时间轴上复制素材

选中上面轨道的素材，点击"效果控件"面板的"不透明度"下面的"创建4点多边形蒙版"按钮，这时面板中会出现名为"蒙版（1）"的属性，同时，在画面中会出现一个矩形，矩形以内是上面轨道的原始素材画面，矩形以外则是下面轨道的调色后的画面（图5-19）。

图5-19　创建4点多边形蒙版

蒙版的作用其实就是对画面进行遮挡，在蒙版区域内的画面会显示出来，而在蒙版以外的画面则会被蒙版隐藏掉。

用鼠标按住矩形四个角上的控制点并拖动，可以调整矩形的形状，控制画面显示的区域。将矩形的四个点分别放在画面的四个角上，完全覆盖住整个画面。这时会看到，被矩形蒙版覆盖的地方就会显示出上面轨道的原始素材画面（图5-20）。

在时间轴上将时间滑块放在第2秒的位置，进入"效果控件"面板，点击"蒙版路径"前面的"切换动画"按钮，在第2秒处为蒙版的形状打上了一个关键帧（图5-21）。

图5-20　调整矩形蒙版形状

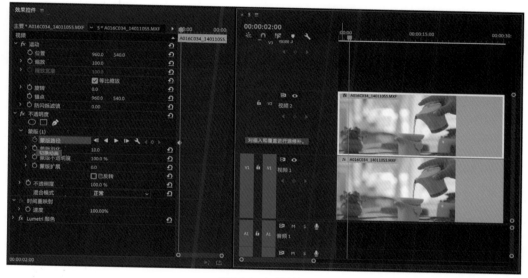

图5-21　打关键帧

在第6秒的位置，将鼠标放在蒙版上，光标会变成手形，按住鼠标直接将蒙版往一侧拖动出画面，露出下面轨道调色后的素材效果，同时，"蒙版路径"上会自动打上一个关键帧（图5-22）。

图5-22　设置第二个关键帧

按下空格键预览效果，会看到第2秒的时候，画面一侧逐渐出现调色后的效果，到第6秒，调色后的画面完全覆盖住调色前的画面（图5-23）。

图5-23　调色前后的画面对比动画特效

5.4 案例演示：黑金色调的城市夜景 ▶▶▶

在一些表现过年过节的镜头里，经常会出现画面只保留了红色，其他颜色都消失，从而更加突出喜庆气氛的效果。在短视频平台中，流行过用黑金色调表现城市夜景的效果，画面中只有车辆的灯光是黄色，其他颜色都是低饱和度的。本案例就来制作这样的黑金色调效果。

先将素材导入Premiere的时间轴上，这是一段城市夜景的航拍视频。从"Lumetri范围"面板中可以看到，这段素材的色彩分布比较平均，没有特别突出的色调（图5-24）。

图5-24　素材的颜色信息

进入"Lumetri颜色"面板的"曲线"栏中，找到"色相与饱和度"曲线这一项，这是控制画面中所有颜色的饱和度的，现在这条线处于中间位置，意味着所有颜色的饱和度都是一样的。向上移动意味着饱和度的升高，反之则饱和度下降。

用鼠标先在黄色区域上点一下，创建一个控制点，再在黄色两侧的红色和绿色区域上分别点一下，这样就一共创建了3个控制点。如果点错了，可以使用鼠标按住控制点进行拖动，改变其位置，或者按着键盘的Ctrl键，使用鼠标点一下该控制点，将其删除（图5-25）。

图5-25　在"色相与饱和度"曲线上创建3个控制点

将中间的黄色控制点往上移动，再将左右两侧的控制点向下移动，会发现画面中黄色的饱和度升高，而其他颜色的饱和度都开始下降。这就形成了画面中只保留黄色，其他颜色消失的效果（图5-26）。

图5-26　调整控制点的位置

再在黄色控制点两侧分别添加控制点，并将它们稍稍往外移动一点，增加颜色区域的宽度，使黄色的过渡更自然一些（图5-27）。

图5-27　继续添加控制点

因为主要表现的是车流的灯光，所以接下来要增加画面的光感。

在时间轴上，按住键盘的Alt键，使用鼠标将素材向上拖动，在上面的轨道上复制一份素材。进入"效果控件"面板，将不透明度改为40%，混合模式改为"叠加"，这样画面中的亮部区域就会更加突出（图5-28）。

图5-28　复制素材并调整不透明度

在"效果"面板中，逐一打开"视频效果"→"模糊与锐化"文件夹，将其中的"高斯模糊"效果拖动给上面轨道的素材，并在"效果控件"面板中，调整"高斯模糊"的"模糊度"参数为100，这样突出的亮部区域会被模糊，从而呈现出更柔和的光感（图5-29）。

图5-29　添加高斯模糊效果

调色后，画面中只保留了灯光的黄色，更加突出了城市的灯火辉煌。这种调色方式可以在突出强调某种颜色、气氛、物体的时候使用，调色前后的画面对比效果如图5-30所示。

图5-30　调色前后画面对比效果

5.5 案例演示：比较视图一键调色法 ▶▶▶

很多没有美术基础的初学者对调色很困惑，不知道该如何下手。本案例介绍一种简单的一键调色法，将另一段已经完成调色的视频的颜色信息，直接应用在需要调色的素材上。

先将本案例中需要调色的素材导入Premiere的时间轴上，这是一段在夜景中拍摄的炒凉粉的原始视频素材。再导入一段调色效果很好的商业宣传片，放在时间轴上原始素材的后面，用作比较调色使用（图5-31）。

图5-31　导入两段视频素材

点击节目面板右下角的"比较视图"按钮，切换到"比较视图"模式。如果没有该按钮，可以先点击右下角的"按钮编辑器"，在弹出的按钮面板中，找到"比较视图"按钮，并将其用鼠标左键拖动到节目面板中。

现在节目面板分为左右两部分，左侧是准备进行比较的素材视图，右侧是原始素材视图。拖动左侧视图下面的时间线，将画面停在配色较好的镜头位置（图5-32）。

图5-32　切换到比较视图

进入"Lumetri颜色"面板的"色轮和匹配"栏中,点击"应用匹配"按钮,会发现右侧的原始素材已经根据左侧视图中的色彩搭配进行了调色(图5-33)。

图5-33　应用匹配调色

如果觉得不满意,还可以重新换一个比较素材,甚至图片也可以,再次按下"应用匹配"按钮进行比较调色(图5-34)。

图5-34　不同画面的应用匹配调色

这种比较调色方法的原理,其实就是Premiere吸取左侧比较视图中素材的高光、中间调和阴影的色彩信息，再匹配给原始素材进行调色。如果希望对匹配结果进行微调，也可以调整下面三个色轮中的十字光标位置，来改变原始素材的色调。

调色后，可以再次点击"比较视图"按钮，切换回原先的视图。再进入时间轴中，将用于比较调色的素材删除。

5.6 案例演示：使用马赛克跟踪技术遮挡Logo ▶▶▶

在一些视频的制作中，往往要根据需要，遮挡住画面中的某一部分，例如水印、人的面部、竞争对手的Logo等。如果是固定不动的水印还好处理，如果是不断运动的物体，就需要用到跟踪技术来处理。

将素材导入Premiere的时间轴上，这是一段街景的延时视频，画面中有一个非常明显的品牌Logo。因为是摇镜头，所以该品牌Logo也是在不断运动的（图5-35）。

图5-35　需要处理的视频素材

在"效果"面板中，逐一打开"视频效果"→"风格化"文件夹，将其中的"马赛克"效果拖动给时间轴上的视频素材，这时画面会出现马赛克效果。可以在"效果控件"面板中，调整"马赛克"效果的水平块和垂直块参数，控制画面中马赛克的大小（图5-36）。

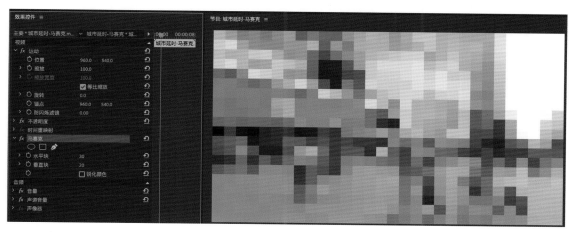

图5-36　添加马赛克效果

因为只需要对Logo打上马赛克，所以需要控制马赛克的显示区域，这就又需要使用蒙版。在"效果控件"面板中，点击"马赛克"效果下面的"创建4点多边形蒙版"按钮，给画面的马赛克效果添加一个矩形蒙版（图5-37）。

图5-37　添加蒙版

将时间滑块放在视频素材的起始位置，然后在节目面板中调整蒙版的位置和形状，使它完全遮挡住画面中的品牌Logo（图5-38）。

图5-38　调整蒙版位置和形状

因为镜头是动态的，所以品牌Logo的位置也一直在变化，这就需要让蒙版一直跟踪Logo的位置进行移动。

点击"马赛克"的"蒙版路径"属性右侧的"向前跟踪所选蒙版"按钮，会弹出"正在跟踪"的进度条，Premiere会自动计算蒙版的跟踪路径，进度条完成以后，就会自动生成蒙版的移动动画效果（图5-39）。

图5-39 设置向前跟踪所选蒙版

　　跟踪完毕以后，"蒙版路径"属性会在每一帧都生成关键帧，按下空格键播放，会发现蒙版一直跟着品牌Logo进行移动（图5-40）。

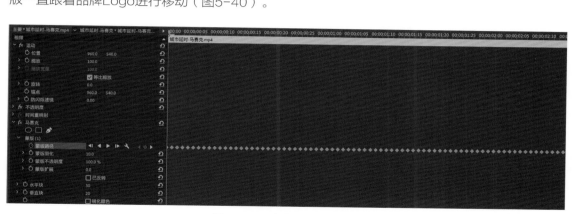

图5-40 跟踪完毕后的关键帧

　　在视频素材中，品牌Logo在第4秒左右就移出画面了，因此可以将4秒后的所有关键帧都删除。在品牌Logo出画面后，蒙版还有一部分留在画面中，可以在最后一帧的位置，将蒙版也移出画面（图5-41）。

图5-41 将蒙版移出画面

如果一个素材中有多个目标需要使用蒙版遮挡，可以多次点击"效果控件"面板中的"创建4点多边形蒙版"按钮，创建多个蒙版，分别进行跟踪。

5.7 案例演示：稳定抖动的画面 ▶▶▶

在前期拍摄的时候，往往会因为手持镜头、路面颠簸等原因，造成画面抖动的情况。这就需要在后期的剪辑制作中，对画面进行稳定处理。

在Premiere中，将素材导入并拖动到时间轴上，这是一个表现车内中控台的视频素材，因为是在汽车行驶期间拍摄的，所以画面有一些抖动。

在"效果"面板中，逐一打开"视频效果"→"扭曲"文件夹，将其中的"变形稳定器"效果拖动给时间轴上的视频素材。这时在节目面板的画面中，会出现"在后台分析"的字样，这是Premiere在分析素材画面并进行稳定处理，分析时间的长短会根据素材长度和电脑硬件配置而定（图5-42）。

图5-42　分析需要稳定的画面

分析完成后，画面会放大一些。按下空格键预览，发现画面还是会有些抖动，但已经变得比较平滑，这时还可以在"效果控件"面板中调整"变形稳定器"的"平滑度"参数（图5-43）。

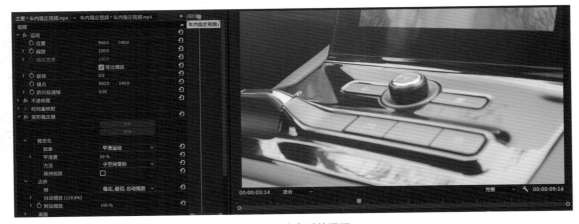

图5-43　稳定后的画面

如果希望画面完全稳定，可以将"变形稳定器"的"结果"属性设置为"不运动"，这时画面上会出现"正在稳定化"的文字，即对画面进行重新稳定处理。处理后的画面就会完全稳定，几乎没有任何抖动（图5-44）。

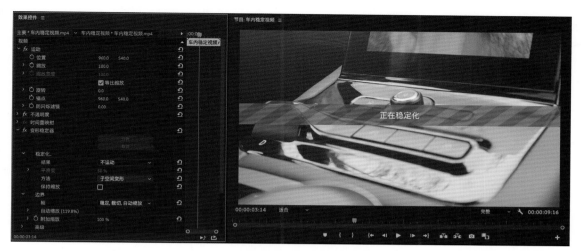

图5-44　将画面完全稳定

这时画面已经稳定好了，但是如果再调整素材的剪辑速度，画面中就会弹出"变形稳定器和速度不能用于同一剪辑"的警告文字，如果强行调整素材的速度，会发现变形稳定器已经不能使用了（图5-45）。

图5-45　弹出警告文字

这是因为"变形稳定器"效果不能用在变速的素材上，如果必须给变速素材进行稳定，就需要用到"嵌套"命令。

在"效果控件"面板中选中之前添加的"变形稳定器"效果，按下键盘的删除键，将之前的稳定效果取消。然后调整好素材的播放速度，再执行菜单的"剪辑"→"嵌套"命令，或者直接在时间轴上选中素材，按下鼠标右键，在弹出的浮动菜单中点击"嵌套"（图5-46）。

在弹出的"嵌套序列名称"对话框中，可以为该嵌套重新命名，然后按下确定键，会发现时间轴上的素材变成了绿色（图5-47）。

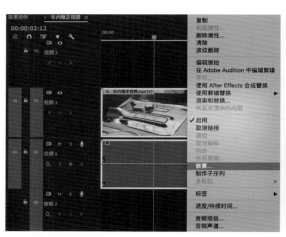

图5-46　右键点击"嵌套"

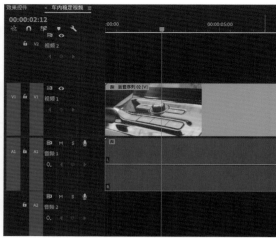

图5-47　嵌套后的素材

　　这时再给该嵌套素材添加"变形稳定器"效果，素材就可以正常进行稳定了（图5-48）。

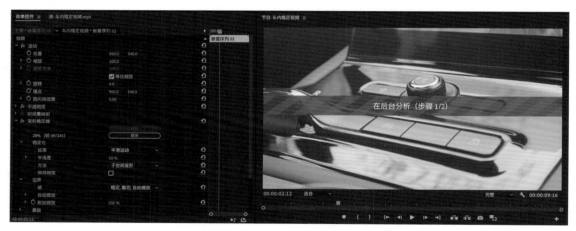

图5-48　对嵌套进行稳定

　　如果还要重新调整变速效果，则需要在时间轴上双击嵌套素材，进入嵌套的内部，在时间轴上调整原素材的剪辑速度。调整好后回到嵌套的时间轴，在"效果控件"面板中点击"变形稳定器"的"分析"按钮，进行重新稳定就可以了。

5.8 案例演示：希区柯克镜头效果 ▶▶▶

　　希区柯克镜头又叫推拉变焦（Dolly Zoom）。这种镜头手法最早运用在惊悚大师希区柯克（Alfred Hitchcock）的作品《迷魂记》（Vertigo）中。电影中表现一段楼梯的戏就使用了这样一个特殊的拍摄技巧，在推拉镜头时搭配上变焦镜头效果，制造出被摄主体本身大小不会改变，画面空间被扩张或压缩的视觉效果，从而营造出压迫和扭曲的恐怖戏剧氛围。

　　这种希区柯克镜头效果，通过Premiere的操作就可以实现。

　　将素材导入Premiere中，这是一个镜头逐渐推近卡通角色的视频素材（图5-49）。

图5-49　对嵌套进行稳定

　　素材中，需要调整的是镜头推动的那一段内容。为了方便观察和操作，可以先把时间滑块放在镜头刚开始推动的位置，执行菜单上的"标记"→"添加标记"命令，或者直接按下键盘上的"M"键，在该位置处打上一个标记。

　　将时间滑块放在镜头推动停止的位置，再打上一个标记，这样就能在时间轴上清晰地看到需要调整的起始点和结束点，而且还可以通过按下键盘上的快捷键，Shift+M或者Shift+Ctrl+M来转到下一标记或转到上一标记（图5-50）。

图5-50　为素材打上标记

　　接着，需要在推镜头结束的位置，在画面上将卡通角色的位置和大小做一个标记，方便对推镜头其他时间点中的卡通角色进行对位处理。

　　将时间滑块放在后一个标记点的位置，执行菜单的"文件"→"新建"→"黑场视频"命令，在项目面板中新建一个黑场视频，并将其拖动到时间轴最上面的轨道上。把黑场视频的透明度降到60%，透出下面的画面，再调整缩放的参数，使其与卡通角色的顶部和底部对齐（图5-51）。

图5-51　调整黑场视频的大小

在时间轴上选中推镜头素材，并在后一个标记点处，为"位置"和"缩放"两个属性打上关键帧（图5-52）。

图5-52 打关键帧

按下快捷键Shift+Ctrl+M，转到上一个标记点处，调整视频素材的"位置"和"缩放"属性，使该时间点的卡通角色与黑场视频的高度和位置保持一致。调整后，该时间点上也会自动打上"位置"和"缩放"属性的关键帧（图5-53）。

图5-53 调整视频素材的位置和缩放

拖动时间滑块，在推镜头的过程中，会发现还有一些时间点上的卡通角色对位不准，对其逐一进行调整，系统也会自动记录"位置"和"缩放"属性的关键帧，直到整个推镜头过程中，卡通角色的高低大小都尽可能保持一致为止（图5-54）。

图5-54 调整其他时间点上卡通角色的位置大小

　　对位完成后，黑场视频就没有用了，可以直接将它删除掉。

　　因为该视频素材是手持拍摄的，所以镜头会有一些抖动，在时间轴上将调整好的素材转为嵌套，再添加"变形稳定器"效果进行画面稳定处理（图5-55）。

图5-55　添加"变形稳定器"

　　全部调整完毕后，按下空格键预览，会发现镜头一直在向前推进，但主体卡通角色的大小和位置始终保持不变。这就通过后期的调整，完成了前期极难拍摄的希区柯克镜头效果。

第6章 声音处理和字幕添加

看视频作品鉴赏学习
添加学习助手获取服务

视频作品中包含了图像和声音，分别对应着观众的视觉和听觉。毋庸置疑，图像很重要，但其实声音跟图像一样重要，甚至在特定的场合下，声音会比图像更加重要。

在一部视频作品中，背景音乐是最常见的声音，不同的情节需要不同风格的背景音乐来烘托气氛。这是因为音乐能够直接影响观众的情绪。在倾听音乐的时候，人的心率经常会受到音乐节奏的影响，快节奏的音乐会使人心跳加快，而慢节奏的音乐会让人心跳变慢，使整个人放松下来。

人物之间的对白，是另一种常见的声音形式，也是推动视频作品情节发展的重要元素。为了使对白内容能够准确传达给观众，往往需要在画面中添加字幕。在视频结尾的时候，也需要通过字幕的形式出现演职员表。

本章就来重点学习一下，Premiere中声音和字幕的制作。

6.1 声音的基本属性 ▶▶▶

视频中的声音大致可以分为三种，即环境音、背景音乐和对白。

环境音： 指的是画面中的各种环境声音，例如嘈杂的人声、街道上汽车的声音、树林中鸟叫虫鸣声、河边潺潺的水声等，这些环境音的存在是为了增加场景的真实程度。

背景音乐： Background Music，简称BGM，也称伴乐、配乐，通常是指在视频中用于调节气氛的一种音乐，能够增强情感的表达，使观众产生身临其境的感受。

对白： 指视频中所有人物相互之间的对话。

以上三种声音，环境音和对白是需要在拍摄时同期录制的，而背景音乐则需要后期剪辑时添加。

在背景音乐的设计中，需要充分考虑视频最初想要表达的意境。如果是感情戏，一般需要使用节奏较慢的管弦乐或钢琴曲来营造氛围；如果是喜剧，一般会使用节奏较快的背景音乐来烘托气氛。

无论是什么样的声音，都会有自身的声道数量和相关信息，这可以在Premiere的项目面板中，用鼠标右键点击素材文件，选择"属性"命令，在弹出的属性面板中查看"源音频格式"来获取。以图6-1中的音频属性为例，其中44100 Hz是音频采样率，单声道是音频的声道数，总持续时间是文件的总时长。

音频采样率（Audio Sample Rate） 是指录音设备在1秒钟内对声音信号的采样次数，采样频率越高，声音的还原就越真实越自然。在数字音频领域，常用的采样率如下。

8000 Hz：电话所用采样率，对于人的说话已经足够；

11025 Hz：AM调幅广播所用采样率；

22050 Hz和24000 Hz：FM调频广播所用采样率；

32000 Hz：便携式摄像机所拍摄的数码视频所用采样率；

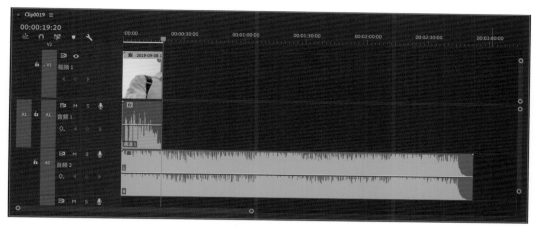

图6-9　导入背景音乐

视频裁剪后，会发现结束的时候过于突然，这时可以在"效果"面板中，逐一点开"音频过渡"→"交叉淡化"文件夹，将"恒定功率"效果拖动到背景音乐的结尾处，再使用"选择工具"将它拉长，在博主说完话以后就开始逐渐降低背景音乐的音量并淡出（图6-10）。

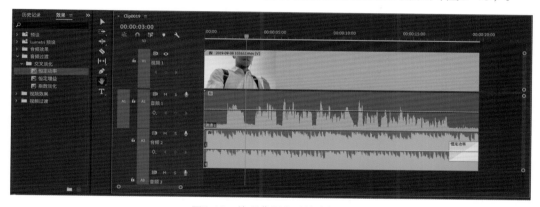

图6-10　处理背景音乐结束部分

再次预览后会发现，背景音乐的声音太大，已经压住博主说话的声音了。可以在"音频剪辑混合器"面板中，调整背景音乐所在的"音轨2"音量为-10 dB，降低音乐的音量，突出博主说话的声音（图6-11）。

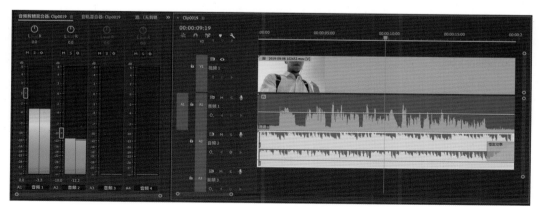

图6-11　调低背景音乐的音量

好的音效对烘托气氛很有帮助。在本案例中，为了突出轻松的气氛，在几个说话间歇的位置插入了卡通音效，最终完成的工程文件如图6-12所示。

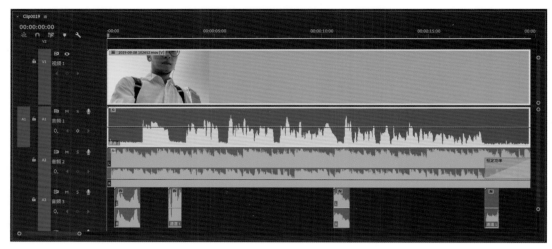

图6-12　添加音效后的工程文件

6.3 案例演示：Adobe Audition声音降噪处理 ▶▶▶

Audition，即Adobe Audition（前名为Cool Edit Pro），简称"Au"，是一款多音轨的声音编辑软件，支持128条音轨、多种音频格式、多种音频特效，可以很方便地录制音频，并对音频文件进行降噪、修改、编辑、合并等操作。

因为同属于Adobe公司的软件，所以Premiere和Audition是可以无缝连接进行配合制作的。本案例就来演示一下其操作过程和步骤。操作之前，要先在电脑上安装Adobe Audition软件。

将素材导入Premiere的时间轴上，这是一段用Sony专业摄影机拍摄的采访画面，有4个音轨，但其中有两段是没有任何声音的（图6-13）。

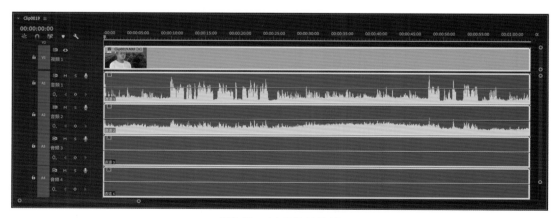

图6-13　4个音轨的素材

先在时间轴上用鼠标右键点击素材，在弹出的浮动菜单中选择"取消链接"，然后选中没有声音的音轨并删除。选择人物声音相对清晰的音频轨道，按下鼠标右键，在弹出的菜单中选择"在Adobe Audition中编辑剪辑"，这时电脑会自动打开Adobe Audition软件（图6-14）。

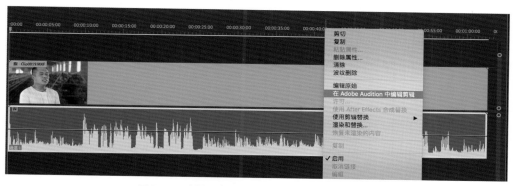

图6-14　选择"在Adobe Audition中编辑剪辑"

在Audition中，音频会以波形的形态展示出来。按下空格键进行预览，仔细分辩一下音频的哪些部分是没有人声的环境音，也就是将要消除的噪音（图6-15）。

用鼠标左键框选环境音的部分，按下鼠标右键，在弹出的浮动菜单中点击"捕捉噪声样本"，Audition会将这部分声音定义为噪声，然后再进行处理（图6-16）。

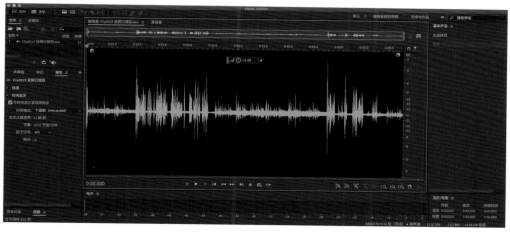

图6-15　Audition的主界面

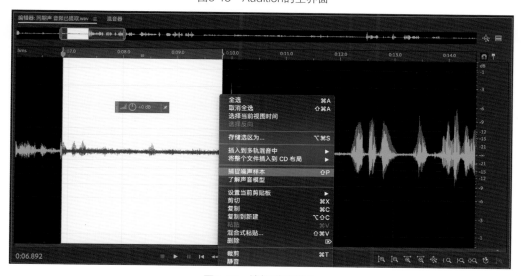

图6-16　捕捉噪声样本

执行菜单的"效果"→"降噪/恢复"→"降噪（处理）"命令，在弹出的"降噪"窗口中，先点击"选择完整文件"按钮，选中整条音频，再按下"应用"按钮，进行整体降噪（图6-17）。

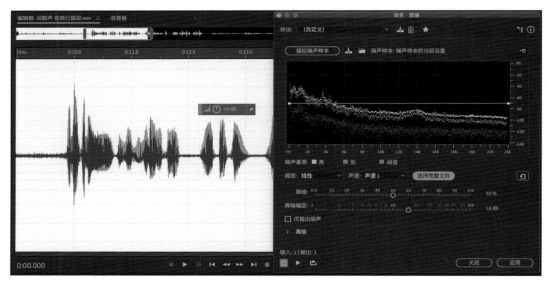

图6-17　降噪处理

这时可以听一下声音效果，如果噪音还是比较严重的话，可以再采集另一部分的噪声样本，然后再整体降噪。

降噪完成后，可以执行Audition菜单的"文件"→"保存"命令，再返回Premiere中时，音轨文件就会被替换为Audition降噪处理过的音频文件了（图6-18）。

图6-18　替换后的音频文件

6.4 Premiere中的字幕制作 ▶▶▶

字幕（Subtitles of Motion Picture）是指以文字形式显示电视、电影、舞台作品中的对话等非影像内容，也泛指影视作品后期加工的文字。在电影银幕或电视机荧光屏中出现的种种文字，如影片的片名、演职员表、唱词、对白、独白、说明词、人物介绍、地名以及年代等都称为字幕。视频作品的对白字幕，一般出现在屏幕下方。

将视频的语音内容以字幕方式显示，可以帮助听力较弱的观众理解节目内容。并且，由于很多字词同音，观众只有通过字幕文字和音频结合来观看，才能更加清楚节目内容。

优秀的字幕须具备5大特性：

① 准确性：成品无错别字等低级错误。

② **一致性**：字幕要和音频的陈述内容保持一致，这对观众的理解至关重要。

③ **清晰性**：音频的完整陈述内容，均需用字幕清晰地呈现在画面中。

④ **可读性**：字幕出现的时间要足够观众阅读，和音频同步且字幕不遮盖画面本身有效内容。在正常情况下，观众阅读文字的速度是每秒4个字。

⑤ **同等性**：字幕应完整传达视频素材的内容和意图，二者内容同等。

视频中有对白或独白（Monologue）的话，一般需要在屏幕下方出现相关的字幕，这也是视频作品中最常见的字幕形式。

出于简洁的考虑，字幕是不需要出现标点符号的，如果需要分句，可以在句与句之间用2～4个空格来隔断。

字幕一般使用的是黑体字，因为其笔画粗细一致，有较强的识别度，而宋体字"横"的笔画比较细，识别度较弱。

字幕一般使用白色或黑色，如果字幕的颜色和画面过于接近，可以给字幕添加阴影、底色等效果。

Premiere中的字幕文件分为隐藏性字幕和开放性字幕两种，前者可由观众切换为显示或不显示，但这需要专门的视频播放器。本案例中的字幕以开放性字幕为主进行讲解。

执行菜单的"文件"→"新建"→"字幕"命令，或者在"项目"面板中，点击右下角的"新建项"图标，然后从浮动菜单中选择"字幕"。在弹出的"新建字幕"面板中，将"标准"改为"开放式字幕"，其他的参数和剪辑序列保持一致，按下"确定"按钮（图6-19）。

这时会在Premiere的界面中出现"字幕"面板，如果没有的话可以通过执行菜单的"窗口"→"字幕"命令打开，或者在"项目"面板中找到新建的"字幕"文件，双击打开。

图6-19　新建"开放式字幕"

在"字幕"面板右侧的字幕输入区中，将同期声或独白的文字内容输入，并在面板上方调整字体、大小、颜色等属性，然后从"项目"面板中，将字幕文件拖到时间轴中的视频轨道上，并置于该序列中所需的镜头画面上方（图6-20）。

图6-20　制作"开放式字幕"

多次点击"字幕"面板右下方的"＋"图标，在新建的字幕上逐一添加片中所需要的文字内容（图6-21）。

图6-21　制作多条字幕

将所有字幕输入完以后，在时间轴上，使用"选择工具"，调整每一段字幕的位置和时间长度，使其匹配独白和同期声的音频文件（图6-22）。

图6-22　在时间轴上调整字幕

6.5 案例演示：教程类视频片头制作 ▶▶▶

随着自媒体和短视频的不断发展，教程类视频作为其中的一个方向，受到越来越多的关注。一般的教程类视频，在开头的时候都会以字幕的形式，告诉观众要讲解的内容。画面中还会出现一些制作机构的信息，用于宣传和传播该机构。

6.5.1 字幕的制作

将素材导入Premiere的时间轴上，这是一个讲解软件操作的录屏视频素材。

先在工具栏中长按"钢笔工具"，在弹出来的隐藏工具中选择"矩形工具"。在"节目"面板中拖动鼠标，绘制出一个长矩形，并使用"选择工具"，将它移动到画面的底部（图6-23）。

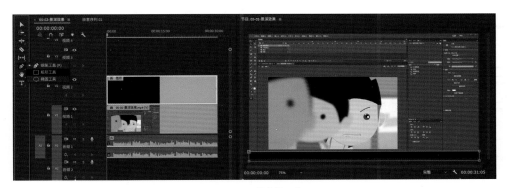

图6-23　绘制矩形

在"效果控件"面板中，可以在"形状"→"外观"属性中，调整矩形的颜色。将"填充"色设置为纯黑色，"不透明度"设置为80%（图6-24）。

执行菜单的"文件"→"新建"→"旧版标题"命令，在弹出的"旧版标题"面板中，先使用工具栏的"文字工具"，在画面中输入标题文字，例如该教程视频出品方的信息等，然后在"旧版标题属性"栏中，设置文字的颜色为黄色，并调整大小。接着，使用"选择工具"将文字移动到右下角的黑色矩形上面（图6-25）。

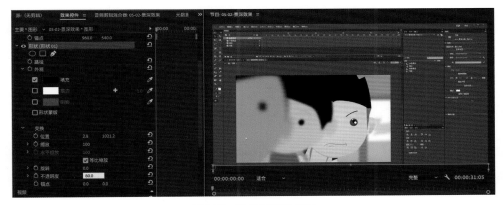

图6-24　设置矩形的属性

图6-25　制作旧版标题

与Premiere中的"字幕"相比，"旧版标题"的效果更多，而且位置调整更加灵活，因此一般用在需要复杂效果字幕的时候。

再创建一个"旧版标题"，输入视频教程出品方的相关信息，放在画面的左下角，可以分别选中一个或多个文字，单独调整其颜色、字体、大小等属性（图6-26）。

图6-26　制作另一个旧版标题

在画面的左下方创建一个橘黄色的矩形，调整不透明度为80%。

再创建一个旧版标题，写上本次教程的标题，因为要突出文字，可以在"旧版标题属性"中，勾选"阴影"效果，并调整其参数，以增加标题文字的立体感（图6-27）。

图6-27　制作教程的标题

因为这个视频教程有老师讲解的声音，所以需要配上字幕。制作这种数量较多，且效果一致的字幕，就要用到Premiere的"字幕"功能了。

　　执行菜单的"文件"→"新建"→"字幕"命令，在弹出的"新建字幕"面板中，将标准设置为"开放式字幕"。再从项目面板中，把字幕文件拖动到时间轴最上面的轨道上。双击该字幕文件，在"字幕"面板中，输入第一句话的文字内容。

　　调整好字体和大小后，将文字设置为居中对齐，并将颜色设置为白色。

　　单色的文字容易和画面中相近的颜色融合，会使观众看不清文字的内容，所以最好在文字下面加上与文字颜色相反的背景颜色。点击"字幕"面板中的"背景颜色"按钮，将背景色设置为黑色，透明度为50%。这样文字下面就会有一个相反色的背景作为衬托，在任何情况下都可以使观众看清楚文字内容，这也是美国苹果公司的产品宣传片中常用的字幕形式（图6-28）。

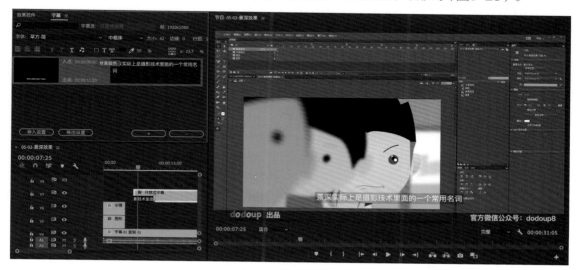

图6-28　设置字幕的形式

　　点击"字幕"面板右下角的"+"号，继续添加后面的字幕，然后可以使用"选择工具"，在时间轴上，将字幕逐一与说话的内容对位（图6-29）。

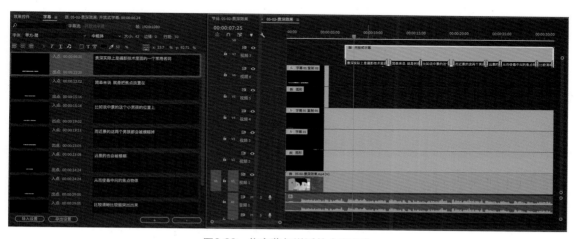

图6-29　将字幕与说话的内容对位

6.5.2　动画的制作

　　如果文字都是静止的话，画面会显得很单调，接下来将演示如何制作简单的动画效果。

　　先把时间滑块放在第1秒左右的位置，选中标题下面的橘黄色矩形，在"效果控件"面板中，激活"矢量运动"的"位置"属性前面的"切换动画"按钮，这时会自动给该属性打上关键帧。再在第0帧的位置将矩形向左侧移动到画面外，这样就形成了在0到1秒的时间段，矩形从画面左侧入镜的动画效果。使用同样的方法，再制作第4秒时矩形开始移动到画面外的出镜效果。

现在的动画是匀速运动的，可以选中关键帧，按下鼠标右键，执行浮动菜单的"临时插值"→"缓入"命令，就可以让运动速度产生变化（图6-30）。

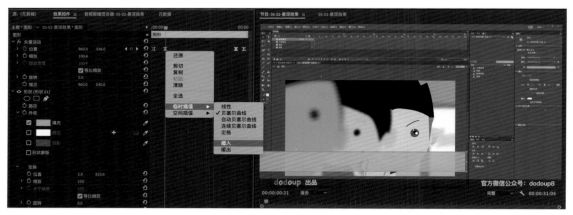

图6-30　制作矩形的动画效果（一）

接着，给视频的标题字幕添加"不透明度"属性的关键帧，使标题文字有淡入淡出的动画效果（图6-31）。

图6-31　制作矩形的动画效果（二）

以序列图的形式，导入一套24张图的小动画，这是一个小男孩抱着宠物跳动的循环动画。将其拖入时间轴，在"效果控件"面板中调整它的"位置"和"缩放"参数，将它放在画面的左下角。计划制作这个小男孩从画面右侧入镜再出镜的动画效果，但这个动画的时间长度只有1秒钟（图6-32）。

在时间轴上按鼠标右键点击动画序列图，在弹出的浮动菜单中点击"嵌套"，进入嵌套文件中。在时间轴上按住键盘的Alt键并拖动素材，将该动画素材复制6份，使它们互相首尾相接，这样就可以让该动画序列图循环播放6次（图6-33）。

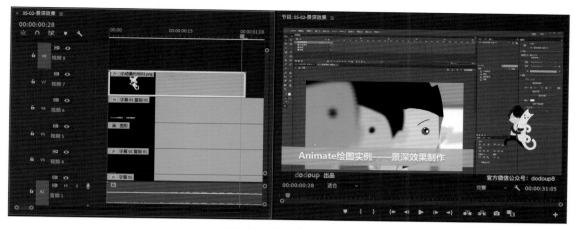

图6-32　导入动画序列图

图6-33　制作循环动画效果

返回到剪辑的时间轴中，这时"嵌套"的时间就延长到5秒了。

因为动画和背景的颜色有些重叠，在"效果面板"中，逐一打开"视频效果"→"风格化"文件夹，把"Alpha发光"效果拖动给时间轴上的动画，使它有一层外发光效果。

在"效果控件"面板中，为动画效果的"位置"属性设置关键帧，使小男孩从画面右侧跳到标题字幕的位置（图6-34）。

图6-34　设置位置属性的关键帧

小男孩到达标题字幕的时候，在时间轴上将嵌套文件剪开。在"效果面板"中，逐一打开"视频效果"→"变换"文件夹，将"水平翻转"效果拖动到嵌套后半部分上，使角色调个头，再向右侧跳出画面（图6-35）。

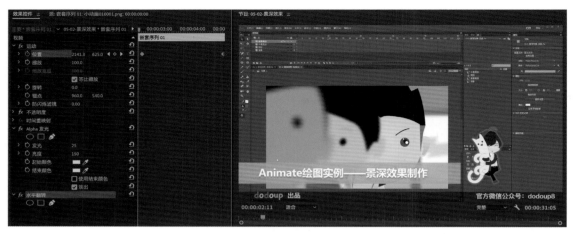

图6-35　给动画添加水平翻转效果

6.5.3 声音的制作

先来对解说的声音进行处理。在时间轴上选中素材，在右侧的"基本声音"面板中，点击"对话"按钮，将该声音素材设置为对话音频类型。

勾选"减少杂色"，并将参数调整为7，再将"消除齿音"参数设置为7。在"增强语音"中，将类型设置为"男性"，并提高"级别"至15分贝（图6-36）。

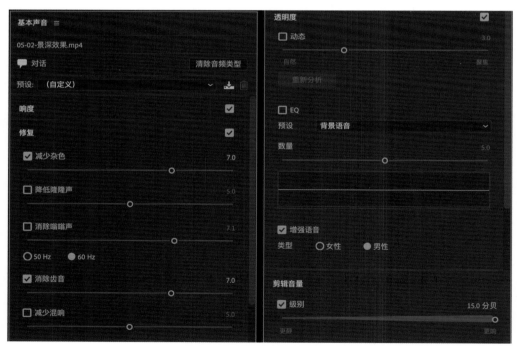

图6-36　处理说话的声音

导入一段背景音乐，按下空格键预览一下，确保背景音乐的音量不能高于视频讲解的音量。将超出视频长度部分的音乐剪掉，再将"效果"面板中的"恒定功率"音频转场效果拖动到背景音乐的结尾处，使音乐有淡出的效果（图6-37）。

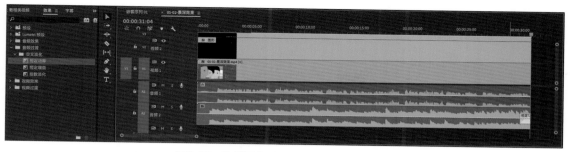

图6-37　给背景音乐添加"恒定功率"效果

再导入一个走路的音效,可以卡着动画小男孩每一步落下的画面来添加,最终完成的工程文件如图6-38所示。

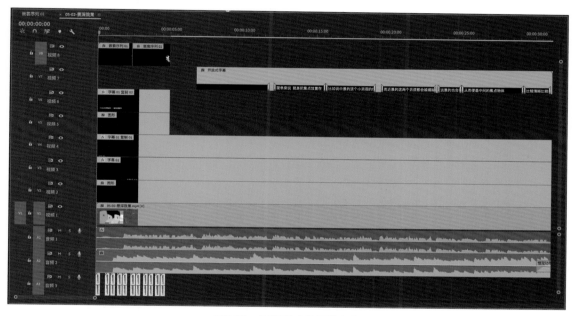

图6-38　最终完成的工程文件

看视频作品鉴赏学习
添加学习助手获取服务

第7章 视频作品 综合案例实战

前面几章讲解了Premiere的全部工作流程，也涉及了很多案例的制作。但是对于视频作品来说，炫酷的特效、漂亮的字幕、精致的调色、清晰的声音，这些都只是一部视频作品中的部分元素，而不是全部。

一部完整的视频作品是由主题、剧情、包装、节奏、特效、调色、字幕、声音等多种元素所组成的。其中起决定性作用的是主题，可以这么说，其他所有的元素都是为主题服务的。

在本章中，将使用几个完整的案例，通过讲解剪辑规则、镜头衔接、特效技巧、整体把握等内容，来全面介绍一部视频作品是怎样剪辑制作出来的。

7.1 案例演示：用贝塞尔曲线抠像制作"分身术"特效 ▶▶

"抠像"一词是从早期电视制作中得来的，意思是画面中的背景与主体物分离，将背景从画面中抠去，只保留主体物，再把空掉的背景换上其他的画面，形成多层画面叠加合成的艺术效果。

通常情况下，对于需要抠像的视频，拍摄时会在专业的摄影棚，并在主体物后面铺上绿色或蓝色的幕布，打上均匀照明的灯光，这样在抠像的时候就可以提取绿色或蓝色，更加方便地进行抠除。而且，抠像往往都是在专业的影视特效软件After Effects中进行的。然而，这种"绿屏抠像"或"蓝屏抠像"技术，对于绝大多数的初学者来说并不现实。

本案例将使用Premiere中，"不透明度"属性下"自由绘制贝塞尔曲线"的蒙版技术进行抠像，制作分身术特效（图7-1）。

图7-1 分身术特效的完成效果

7.1.1 抠像处理

将素材导入Premiere的时间轴上。这是一段将手机固定拍摄的，先是主角坐着摆出一个向下倒的姿势，然后起身出镜，再重新走回来做出一个推人动作的视频。

先在时间轴上进行剪辑，把角色倒下再起身出镜的部分剪掉，再把角色入镜的部分单独裁剪出来，放在主角左顾右盼动作下面的轨道上。为了方便抠像，在主角入镜的时间点上，将上面轨道中的视频素材剪开，这样就可以针对后半部分进行抠像了（图7-2）。

图7-2　对素材进行剪辑

选中上面轨道的主角左右张望的素材，并将时间滑块拖到入镜主角即将接触到坐着的主角的时间点，然后在"效果控件"面板中，点击"不透明度"下面的"自由绘制贝塞尔曲线"按钮，在"节目"面板的画面中，沿坐着的主角的身体边缘进行绘制，因为两者接触的位置只涉及画面左侧，所以右侧的身体边缘不用绘制。

绘制的时候，可以调整画面的缩放级别参数，方便进行细致的绘制，还可以按下"H"快捷键，切换到手形工具，对画面进行平移操作，方便观察，然后再按下"P"键切换回钢笔工具进行绘制。当绘制的蒙版封闭以后，就会看到上下轨道的画面合成在一起了（图7-3）。

图7-3　使用自由绘制贝塞尔曲线进行蒙版的绘制

绘制完以后，如果还想再修改细部，可以按下"V"键，使用选择工具，对蒙版上的点进行调整（图7-4）。

因为主角是动态的，而绘制的蒙版只能和这一帧画面契合，所以接下来要给蒙版打上关键帧，使之成为动态的蒙版，与画面中主角的动态相结合。

点击"蒙版（1）"的"蒙版路径"左侧的"切换动画"按钮，为当前时间点的蒙版打上关键帧，再拖动时间轴，会发现其实绘制的蒙版已经作用在该素材所有的帧上

图7-4　使用选择工具对蒙版进行调整

了，后续的蒙版不需要再重新绘制，只需要针对现在蒙版的形状进行调整就可以了。

在两个主角结合的时间点上，使用工具栏上的"选择工具"，调整蒙版上各个控制点的位置，使它们与这一帧坐着的主角身体相契合，每一次对蒙版的调整，系统都会自动为"蒙版路径"属性打上关键帧，拖动时间轴会看到蒙版形成了动态效果（图7-5）。

图7-5　调整蒙版控制点的位置

继续拖动时间轴，根据坐着的主角的动作来调整蒙版形状。需要注意的是，在两个主角接触的位置需要仔细绘制，最后绘制完成的蒙版时间轴如图7-6所示。

图7-6　绘制完成的动态蒙版

在制作这一步时，初学者可能会觉得工作量太大，要一帧一帧去调整，但其实只需要调整两个主角接触的位置即可。而且，帧数总共只有十几帧，蒙版的形状也只需要绘制一次，剩下的工作都是调整蒙版控制点的位置，认真调整的话，半个小时左右就能完成。

7.1.2 特效添加和整体调整

实际上，这种"分身术"是动画片中才会出现的情节，所以在特效的设计中，可以添加一些动漫元素进去。

导入一段动漫烟雾素材，并放在时间轴上主角做出"分身术"手势的时间点上，制作出主角开始"施法"的特效。由于烟雾素材是蓝色的，可以在"Lumetri颜色"面板中，调整"色温"和"色彩"的参数，将烟雾调整为偏暖色。再进入"效果控件"面板中，将烟雾素材的"不透明度"设置为70%左右，让烟雾变淡一些（图7-7）。

图7-7　添加烟雾效果

新建一个"旧版标题"，使用书法类的字体，输入"多重影分身术"的文字，并将文字的颜色设置为深蓝色。但是文字的颜色和画面的深色区域有些重叠，这时可以点击"外描边"右侧的"添加"按钮，为文字添加浅黄色的描边效果（图7-8）。

图7-8　制作旧版标题

按照上面的方法，在主角左顾右盼的时候，添加内容为"人呢？"的旧版标题。

在主角倒下去的时候，消失得比较突然，可以在该时间点上添加另一个动漫烟雾，并调整烟雾的颜色和透明度，这样就可以用动态的烟雾来遮挡主角，让主角消失得不是那么突然（图7-9）。

图7-9　继续制作特效

　　为两个"旧版标题"的开头部分添加"划出"转场，为结尾部分添加"交叉溶解"转场，这样就给两个旧版标题添加了入镜和出镜的动画效果（图7-10）。

图7-10　为旧版标题添加转场

　　接下来要进行整体的调整。首先是色调，现在的画面有些平淡，对于一部以特效为主的视频来说，需要添加一些特别的颜色效果。

　　添加一个"调整图层"，并将它放在正片素材和烟雾素材之间的轨道上。在"色相饱和度曲线"中，在红色曲线上和黄色曲线上各添加一个控制点，并稍稍往上抬，增加红色和黄色的饱和度。对于其他的颜色曲线，可以直接调到最低，这样画面中只保留了主角红色外套和肤色，其他的颜色都变成了灰色，可以更加突出主角（图7-11）。

图7-11　使用"调整图层"进行调色

由于这个视频前后两段的气氛是不一样的，所以在添加背景音乐的时候，可以在前面添加一段日本忍者主题的音乐，来烘托主角的"施法"特效，后半部分可以添加一段节奏较快的音乐，让气氛发生反转（图7-12）。

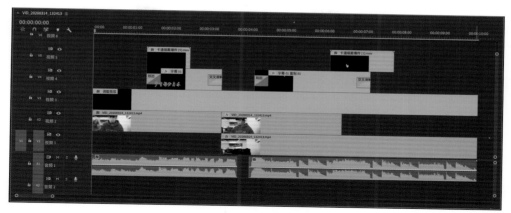

图7-12　添加背景音乐

7.2 案例演示：炫酷片头的制作 ▶▶▶

片头原意是指电影、电视栏目或电视剧开头用于营造气氛，烘托气势，呈现作品名称、开发单位等作品信息的一段影音材料。随着电脑的普及特别是多媒体技术的发展，目前片头的展示形式、艺术表现已经越来越多样化。由于片头给观众留下的是第一印象，它从总体上展现了影片的风格和气质，展现了影片的制作水平和质量，因此片头对整个影片具有非常重要的影响。

在学习了Premiere视频剪辑制作后，如果想要制作一部视频对自己的学习过程进行总结和回顾，或者是要去应聘，又或者是需要给客户展示自己的制作水平，都需要制作一部集合自己制作过的案例、短片精彩部分的视频作品集。在这个视频的开头就需要制作一个酷炫的片头，来吸引观众进行观看。下面就以此为例，展示片头的完整制作流程。

片头的长度不需要太长，否则会影响到对正片的观看。本案例的片头长度为6秒钟。正式制作之前，可以先找一段6秒钟左右的节奏感强烈的背景音乐，然后卡着节奏点去制作。

先新建一个"黑场视频"，拖入时间轴中，添加"油漆桶"特效，并在"效果控件"面板中，将"油漆桶"特效下的"颜色"改为白色，让整个视频有一个白色的底色。

将Premiere的图标素材拖入时间轴，放在白色底色的上面，添加"投影"特效，并在"效果控件"面板中调整"投影"的参数，使图标产生立体效果（图7-13）。

图7-13　制作片头的开头部分

在时间轴上选中图标素材，进入"效果控件"面板中，打开"缩放"属性前面的"切换动画"按钮，在第0秒的位置将"缩放"参数设置为0，在第1秒的位置将"缩放"参数设置为40，制作出图标素材放大出场的动画效果（图7-14）。

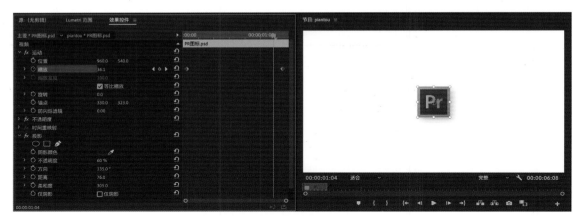

图7-14　制作图标出场的动画效果

因为要卡着节奏点进行制作，所以在背景音乐的第一个节奏点上，需要画面有变化。

将两个轨道剪开，并在第一个节奏点位置，调整"黑场视频"的"油漆桶"为黄色，设置图标的"缩放"参数为50，让画面有一个突然的转变（图7-15）。

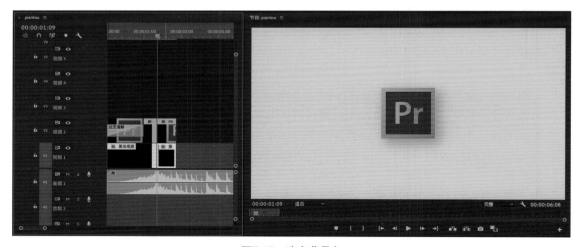

图7-15　改变背景色

新建"旧版标题"，使用工具栏中的"椭圆工具"，按住键盘的"Shift"键，在画面的中心绘制一个正圆形。在右侧的"旧版标题属性"面板中，先取消"填充"属性前面的勾选，然后再点击"外描边"属性后面的"添加"按钮，调整颜色为白色，大小为10。这样就绘制出一个圆形的白线（图7-16）。

将绘制好的白线"旧版标题"文件拖到时间轴上，卡在一个节奏点上。在"效果控件"面板中，调整"缩放"属性的参数为150，使其放大一些。再添加"投影"效果，将"投影"效果的"不透明度"改为40%，稍稍增加一些立体感（图7-17）。

图7-16 绘制圆形的白线

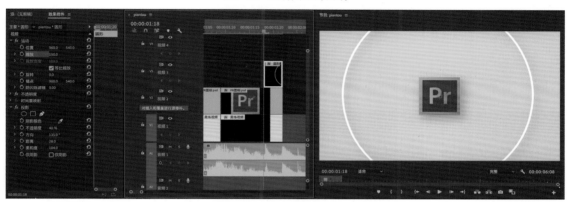

图7-17 设置白线的效果（一）

在下一个时间点上，将3个视频轨道都裁开，分别调整"黑场视频"的底色为蓝色，"旧版标题"圆形的"缩放"为200（图7-18）。

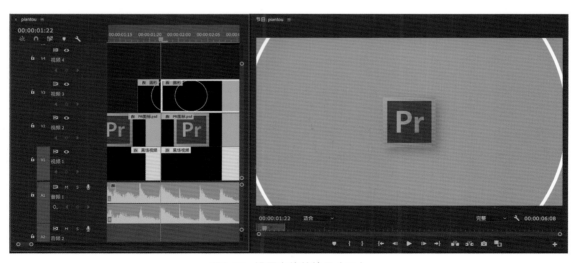

图7-18 设置白线的效果（二）

再新建两个"旧版标题"，用同样的方法，制作P和r的白色线框效果，并在时间轴上后续两个节奏点的位置，将P和r分别放在画面的左侧和右侧（图7-19）。

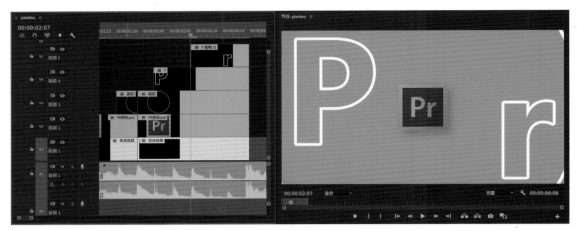

图7-19　制作P和r线框效果

在后续的节奏点上，可以把Premiere的图标换成自己的头像或Logo，再把P和r两个线框字缩小，随着节奏点，依次出现在画面的右下角（图7-20）。

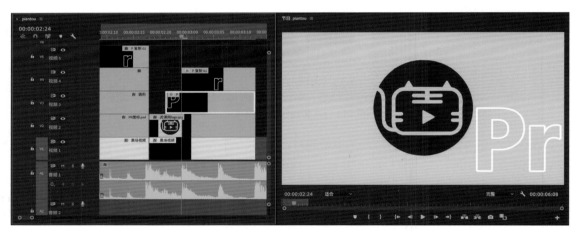

图7-20　添加自己的头像或Logo

接着，再来一段节奏密集的快切动画效果，把气氛烘托上去。

先将底色换为蓝色，使用"旧版标题"创建白色线框的"Premiere"文字，将它们并排复制在画面左侧，使其依次出现，还可以把它们其中的一个换成实色效果。再创建P和r的深蓝色实体字母，将它们放在画面的右侧出现（图7-21）。

在接下来的一段节奏点中，可以把底色换为紫红色，再使用"旧版标题"创建Premiere、and、HuKeWang（也可以换成自己的名字）三组文字，并跟随节奏点依次出现在画面中。

现在的底色有点空，可以再导入一段视频素材，并在"效果控件"面板中，修改"混合模式"为"柔光"，调整不透明度为50%，使底色有一些动态变化（图7-22）。

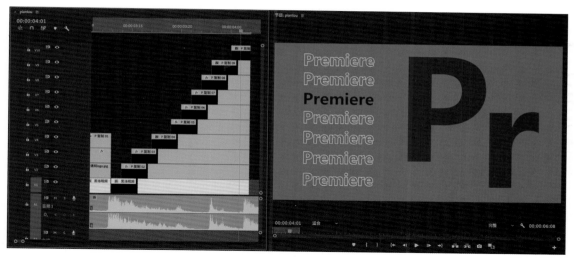

图7-21　制作文字快切动画效果

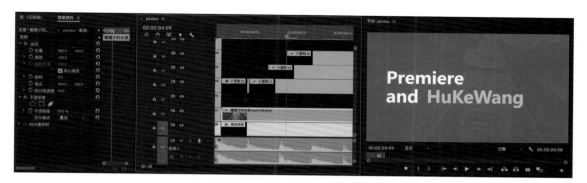

图7-22　将视频素材的"混合模式"改为"柔光"

在结尾的部分，可以加上Premiere的图标，并在下面加上"学习日记"或作品集等文字，使它们根据节奏点依次出现，最终的工程文件如图7-23所示。

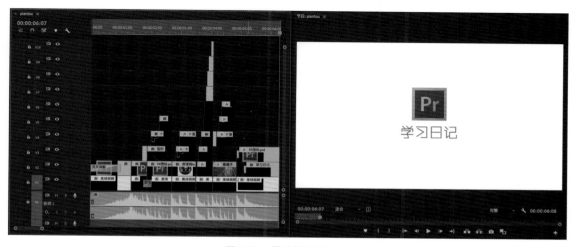

图7-23　最终的工程文件

7.3 案例演示：淘宝商品展示视频《艺术家系列棉签》的制作 ▶▶

7.3.1 对视频进行粗剪

粗剪（Rough Cut）：依据已完成的脚本内容，将拍摄好的素材按照大概的先后顺序加以接合，形成影片初样。

粗剪可以在短时间内快速形成视频的雏形，就像是创作一幅画要先画出草图小样一样，方便制作团队对视频质量进行评估，看是否需要进行大的调整，并判断是否需要补拍素材。

粗剪的主要目的在于搭建整个影片的结构，不必进行非常细致的调整，如音乐、节奏甚至是剪辑点等因素，主要关注影片的逻辑及前后场的连接。

打开Adobe Premiere软件，先新建一个名为"淘宝商品短视频剪辑"的项目，进入Pr主界面后，再按下"Ctrl+N"快捷键，新建一个名为"淘宝商品剪辑"的序列，使用"ARRI 1080p 25"的预设，这样就创建了一个标准的画面尺寸为1920×1080像素，帧速率为25帧/秒，像素长宽比为方形像素（1.0），场为无场的标准1080p剪辑序列。

粗剪的第一步是筛选素材。

以该案例为例，拍摄的素材有84个，而最终使用到的素材只有13个，使用率只有1/6，这在短视频的制作中是很常见的。因此，前期就需要对素材进行筛选，通常分为三步：

① 选出拍摄有明显问题的，肯定不会在剪辑中使用到的素材，将其直接删掉，以节省硬盘空间；

② 对于同样内容的素材，挑选出效果最好的，将其导入剪辑软件中；

③ 拿不准会不会被用到的素材，先保留在硬盘中，标记一下待用。

脚本中的镜头1，内容是："家里，桌子上，一缕阳光从窗口照射进来，将商品照亮，商品全家福"。但在最终剪辑时，发现商品全家福会把画面全部撑满，而在正常情况下，短视频开始的前10秒，需要完整地展示出商品信息，包括商品包装、文字、品牌等，因此第1个镜头选择的是单独商品的展示画面，这样就能够有足够的空间放下更多的商品信息（图7-24）。

图7-24　第一个镜头要展示出商品的完整信息

接下来要展示的镜头2，内容是："艺术品级的原创设计"。这就需要使用中近景，来展示商品包装上的精美设计。在画面上，要弱化背景，突出商品的包装，所以就需要使用带景深效果的图片素材来展示。

对于短视频来说，一定要尽量避免图片素材以静止的形式出现，这样会让使画面从运动忽然转入静止，给观众造成不好的体验。

在本案例提供的素材中，图片素材的大小是4032×3024像素，是剪辑序列1920×1080像素的两倍以上，因此可以将图片在序列中制作成位移、放缩等动态效果。

将图片拖入时间轴，使图片在节目面板中显示出来。在调节之前，需要在节目面板上按下鼠标右键，在弹出的浮动菜单中选择"安全边距"命令，这时画面上会出现两个边框，即"安全框"。

安全框是针对影视播出系统而设的。因为影视播出系统无论是采用信号模拟，还是数字传输的方式，都存在信号损失的问题。实际传输的画面最终反映到终端屏幕即电视机上，有可能会小于标准画面。此外，一些电视或终端设备也存在虚标或异标显示尺寸的问题。安全框就是用来提示制作者画面呈现的安全范围的，用以保证在画幅裁剪变小或显示不足时，信息不至于损失太多。一般视频在网络播放时不用考虑这些因素，只有当需要影视播出时才考虑。一般最外框是图像安全框，用来表示可能会被裁剪掉的部分，内容只要在图像安全框内，都没问题。内框是字幕安全框，一般用来表示最差显示范围，字幕只要在字幕安全框以内就能保证显示完整（图7-25）。

图7-25　Premiere的安全框

在时间轴上选中图片，在Premiere的"效果控件"面板中，调整"缩放"和"位置"的参数，将商品以中景的形式，出现在画面偏右侧一些的位置。

接下来将制作图片从画面右侧缓缓向左侧移动的动态效果。在时间轴上，先把时间滑块拨动到该图片的起始时间点上，再点击"效果控件"面板中"位置"属性前面的"切换动画"按钮，这样就可以在当前位置为图片打上一个关键帧。再将时间滑块拨动到图片结束的时间点上，调整"位置"属性的第一个参数，使图片向左移动一些，再生成一个关键帧。这样图片就制作出了由右向左移动的动画效果（图7-26）

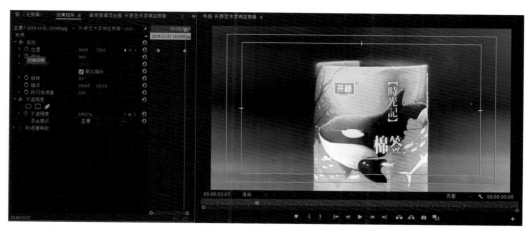

图7-26　控件面板中"位置"属性的关键帧

127

　　这种通过"位置"属性来制作的平移图片效果，其实也可以通过移镜头实拍出来，但是拍摄时就需要用到轨道，使手机平稳地移动。如果是手持拍摄的话，肯定会出现画面不稳甚至抖动的情况。

　　后续的两款商品，也是使用图片素材，以逐渐缩小的形式，在时间轴上依次排列，这样方便去接下一个商品全家福的全景镜头。

　　脚本中镜头3的内容是："视网膜级的精美印刷"。这时就可以将几款商品都展示出来了。可以将素材中两张机位不变的全家福图片，依次放在时间轴上，这样可以形成三盒棉签自己聚在一起的定格动画效果（图7-27）。

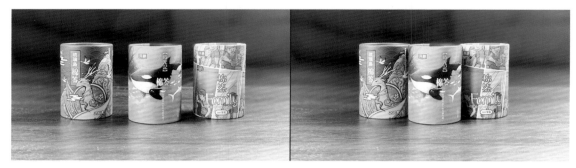

图7-27　商品全家福的效果

　　外包装展示完以后，就需要展示内部的棉签实物了。因为现在包装盒还都是合着的，需要先添加一个打开包装盒的镜头做一下过渡，然后再展示内部的棉签。这里可以使用前期拍摄的用手打开棉签的视频素材（图7-28）。

图7-28　三个镜头由外包装展示到内部的棉签

　　镜头4的内容是："精选新疆长绒棉，天然亲肤"。这就需要给棉签一个大特写，展示棉签头部"绒"的效果。这里使用的也是加了景深的图片素材。按照前面制作图片移动的方法，给该图片也制作一个由右向左缓缓移动的动态效果（图7-29）。

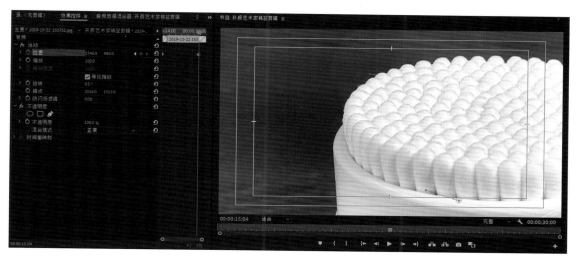

图7-29　制作棉签大特写镜头的位移动态效果

在表现镜头5"超大容量，经久耐用"时，可以使用前期拍摄的棉签密密麻麻落下的慢动作视频素材。将其直接拖入时间轴，按下空格键预览，会发现并没有出现慢动作。这是因为预览时还是按照视频拍摄时的帧频，即每秒100帧的速度播放，这就需要把播放速度降到1/4左右。

在时间轴上右键点击慢动作素材，在弹出的浮动菜单中选择"速度/持续时间"命令，设置速度为25%，这样就可以将速度放慢4倍，以每秒25帧进行播放（图7-30）。

图7-30　设置剪辑速度/持续时间

脚本中的镜头6为"不含任何荧光剂，安全卫生"，这就需要用到用荧光剂检测笔检测棉签的镜头。由于在拍摄的时候，只是拿着检测笔由右向左照了一遍，在剪辑的时候会感觉该特性强调得不够。这里可以使用倒放的形式，将检测笔由右向左的移动倒放，变成由左向右的移动，这样来回几次，就可以将不含荧光剂的特点展示得更充分。

截取一段检测笔从棉签右侧移动到左侧的视频，按住Alt键将该视频移动到后面，这样会直接将视频在时间轴上复制出一份。右键点击复制出来的视频，再点击"速度/持续时间"命令，然后勾选"倒放速度"选项，按下"确定"键，视频就可以倒放了（图7-31）。

图7-31　设置视频素材倒放

　　片尾处可以放上企业或品牌Logo、商品效果图、企业二维码等相关信息，这就需要和商品部门进行沟通。值得注意的是，如果将该视频作为淘宝主图视频，按照淘宝网站的相关规定，主图视频中不允许出现黑边、第三方水印（包括拍摄工具及剪辑工具Logo等）、商家Logo（片头不要出现品牌信息，可在视频结尾出现2秒以内，正片中不可以以角标、水印等形式出现Logo）、二维码、幻灯片类视频。所以具体要添加哪些信息，需要根据播映平台的要求来调整。

　　完成粗剪以后，再从头到尾完整地将视频看几遍，最好再和商品部门进行沟通，确认没有什么问题以后，就可以进入下一环节了。

7.3.2 添加背景音乐并精剪

　　本案例最终使用的是一支有点爵士风格的背景音乐，除了比较有特点以外，该音乐的节奏点较强，适合剪辑时的对位和卡点。

　　将背景音乐素材拖到时间轴的A1轨道上，并将轨道拉高一些，使背景音乐的波形效果展示得更完整（图7-32）。

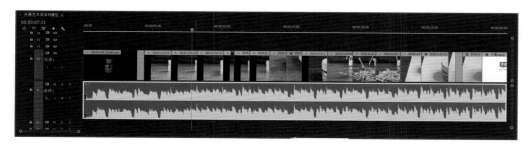

图7-32　背景音乐在时间轴上的波形效果

　　如果声音文件在时间轴上的波形效果较低，可以鼠标右键点击时间轴上的声音文件，在弹出的浮动菜单中点击"音频增益"命令，并调高"调整增益值"的参数，这样能调高声音文件的音量，同时也可以调高波形效果。

　　在制作的过程中，经常会遇到背景音乐与视频时间长度不一致的情况，例如案例中的背景音乐总长度为1分52秒，而视频长度只有30秒，因此就需要对背景音乐进行剪裁，将多出的部分剪掉。按下空格键进行预览，会发现背景音乐结束得过于突兀，这时需要在背景音乐的尾部添加音乐渐隐的效果。

　　执行菜单的"窗口"→"效果"命令，打开效果面板，逐一点开"音频过渡"→"交叉淡化"文件夹，找到"恒定功率"效果，使用鼠标左键将其拖动到背景音乐的结尾处，这样就可以使背景音乐缓缓消失。如果觉得音乐消失的效果还是太快，可以在时间轴上用鼠标右键点击该效果，在弹出来的浮动菜单中选择"设置过渡持续时间"，将时间增长（图7-33）。

图7-33　在背景音乐结尾处添加渐隐效果

接下来，就可以按照背景音乐的节奏点，对视频进行精剪了。

精剪 (Final Cut)：指在粗剪的基础上，对镜头的出入点进行更为精准和精细的剪辑，常常作为短视频的最后剪辑版本，为输出成片打下基础。

在本案例中，因为本身镜头数量就很少，镜头出入点基本上没有精剪的必要，但可以针对背景音乐的节奏点，进行一些卡点的剪辑，让整个短视频更有节奏感。

7.3.3 添加字幕和转场效果

因为本案例是没有配音的，因此脚本中的商品卖点，需要通过字幕的形式在画面中出现，以加深观众对商品特点的印象，这就需要为该视频添加字幕。

该案例中，文字和画面应该作为一个整体来设计，需要对文字进行更加精细地调整，因此采用的是旧版标题来制作。

执行菜单的"文件"→"新建"→"旧版标题"命令，会弹出"新建字幕"窗口，默认会与序列的长宽尺寸和帧速率一致，直接按下"确定"按钮，即可打开旧版标题的制作界面。在左侧的工具栏点击"文字工具"，然后在主画面中点击下鼠标，就可以输出文字了。输入文字"艺术家系列"以后，在左侧的属性栏中，可以设置字体、大小、行距、字间距等，还可以在填充属性栏中设置文字的填充颜色。调整好以后，使用左侧工具栏中的"选择工具"，将画面中的文字拖动到合适的位置（图7-34）。

图7-34　旧版标题的制作界面

将旧版标题的制作界面关掉，这时会看到项目面板中多了一个"字幕01"的文件，将该文件拖动到时间轴的V2轨道上，这样就在正片中加入了字幕效果。

第1个镜头是商品逐渐被照亮，字幕也可以随着画面的亮度变化而出现。在时间轴上选中字幕文件，在"效果控件"面板中，给"不透明度"属性打上关键帧，让字幕有一个淡入的动态效果（图7-35）。

图7-35　给字幕添加不透明度动画效果

用同样的方法，再制作一个"棉签"的字幕效果，放在"艺术家系列"字幕的下面，使字体保持一致，并文字调大，同时也制作出透明度变化的淡入动画效果（图7-36）。

图7-36　添加"棉签"字幕

继续按照以上方法制作"艺术品级的原创设计"字幕，这里为了突出"原创设计"，特意将这四个字放大了一些，并且做加粗处理。

因为对应的镜头画面，是中景棉签由右向左平移的动态效果，因此计划制作一个文字被移动过来的商品包装遮挡住的特效，这就需要用到不透明度的"蒙版"效果。

在时间轴上选中该字幕，用鼠标点击"效果控件"面板的"不透明度"属性下面的"创建4点多边形蒙版"按钮，这时画面中将出现一个蓝色的矩形框，对字幕进行了遮挡。把鼠标放在矩形框上，会变成一个手形，移动矩形框完全覆盖住文字，即可把字幕完整地展示出来（图7-37）。

图7-37　为字幕添加蒙版效果

　　接下来要制作棉签的包装盒遮挡住字幕的效果，这就需要给蒙版制作动画。

　　在时间轴上移动时间滑块到包装盒和字幕接触的时间点处，在"效果控件"面板中，点击"蒙版（1）"下面"蒙版路径"的切换动画按钮，打上第一个关键帧。再将时间滑块拨动到对应的该镜头的结尾处，移动蒙版遮挡住字幕的右侧部分，形成包装遮挡效果（图7-38）。

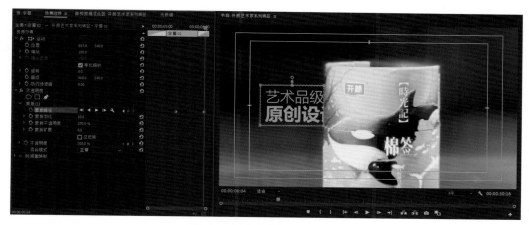

图7-38　制作字幕被遮挡的效果

　　如果蒙版的蓝色矩形框消失了，可以点击"效果控件"面板中的"蒙版（1）"属性，蒙版就可以显示出来进行调整了。

　　反复使用上述方法，将文案中的商品特点，以字幕的形式展示在短视频相应的镜头画面中（图7-39）。

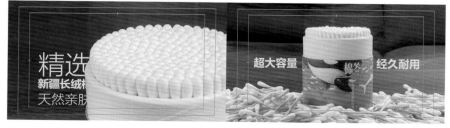

图7-39　不同的字幕效果

现在的镜头都是硬切，没有任何过渡效果。接下来要给镜头之间添加转场效果。

转场，是指镜头与镜头、场景与场景、时空与时空之间的过渡或转换。在该案例中，主要使用的是Premiere中"视频过渡"效果来进行制作。

打开效果面板，逐一点开"视频过渡"→"溶解"文件夹，将"交叉溶解"效果拖动到第1个和第2个镜头的连接处，这样就可以在两个镜头之间增加叠化的过渡效果。如果想要调整过渡时间，也可以在时间轴上选中添加的"交叉溶解"过渡效果，在"效果控件"面板中，调整"持续时间"的长度（图7-40）。

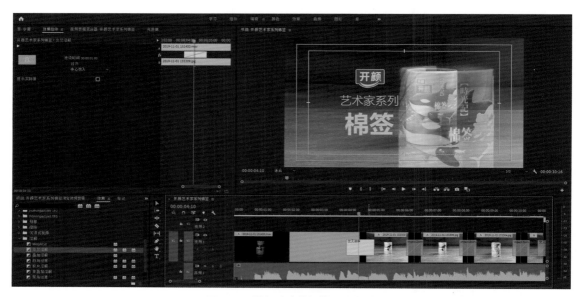

图7-40　视频过渡转场效果的制作

Premiere有几十种视频过渡效果，在实际的制作过程中，可以根据需要来使用。

这些视频过渡效果还能用在字幕上，使用"交叉溶解"过渡效果放在字幕的开头和结尾处，就能制作出字幕淡入淡出的动画效果（图7-41）。

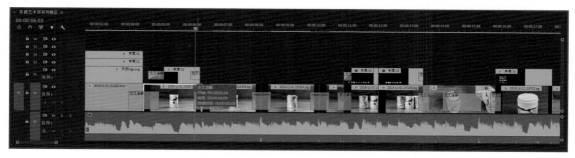

图7-41　给字幕添加视频过渡效果

7.3.4 基础调色和合成特效

本案例是商品的展示，目的是激发观众的购买欲，因此画面需要较高的饱和度和亮度，在接下来的调色中可以以此为基准进行。

在Premiere中，如果时间轴上的素材较多，可以使用调整图层进行整体调色。

执行菜单的"文件"→"新建"→"调整图层"命令，或者在"项目"面板的右下角，点击"新建项"→"调整图层"命令，然后在弹出的"调整图层"面板中设置参数，通常都会和序列的参数保持一致，按下"确定"按钮，就会在项目面板中增加一个"调整图层"文件。用鼠标将调整图层拽到最上面的轨道上，并拉长，使其完全覆盖住整个时间轴，这样只需要对调整图层进行设置，其覆盖下的所有素材的效果都会统一改变（图7-42）。

图7-42　添加调整图层

Premiere中自带了很多调色的预设，可以一键调色。在"项目"面板中，点开"Lumetri预设"文件夹，下面有多个不同名称的文件夹，内部还有多个调色预设文件。选中任意一个调色文件，右侧都会出现预览画面，展示该预设的调色效果。

本案例中，使用的是"技术"文件夹中的"合法范围转换为完整范围（8位）"预设。将其拖动到时间轴的调整图层上，会看到画面有了明显的改变。在时间轴上选中调整图层，在"效果控件"面板中多了一个"Lumetri颜色 [合法范围转换为完整范围（8位）]"的效果，在"基本校正"的参数列表中会看到，色温、曝光、阴影等参数都被调整过。拨动时间滑块预览下整体效果，被调整图层覆盖的所有素材画面都会因此发生变化（图7-43）。

图7-43　添加预设调色

如果希望对现有效果进行调整，可以通过设置"效果控件"面板中的"Lumetri颜色 [合法范围转换为完整范围（8位）]"的参数来实现。

因为每一个镜头的画面效果不一样，同样的参数可能不适用于其他镜头。这时可以在时间轴上使用"剃刀工具",将调整图层剪开,使每一段调整图层对应不同的镜头,然后再单独调整参数。

调色完成后,剪辑师可以根据自己的思路,制作一些简单的合成特效。

素材中提供了一段没有透明背景的镜头光晕素材,如果把它直接覆盖在画面上的话,会遮挡住所有的画面。这就需要在效果控制面板中,把"混合模式"改为"滤色",这样会把素材中所有的暗部过滤掉,只留下亮部的光晕效果,再把"不透明度"改为20%,就可以模拟出若隐若现的镜头光晕效果,增加画面的光感(图7-44)。

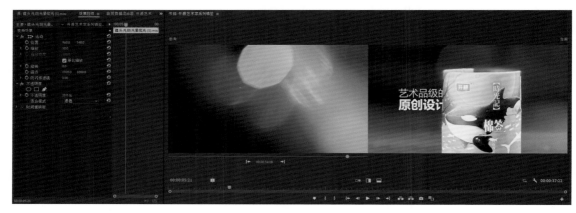

图7-44　合成镜头光晕素材

由于镜头光晕素材的时间较短,只有5秒钟,如果希望全片都出现光晕效果,可以将该素材在时间轴上多复制一些,覆盖整片就可以了。

至此,整个短视频的制作就基本完成了(图7-45)。

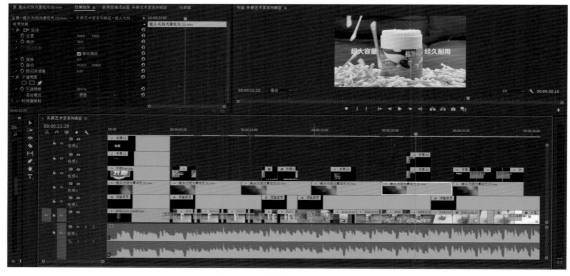

图7-45　最终的剪辑工程文件

7.3.5 调整尺寸和最终输出

视频制作完成以后,需要根据不同平台的要求,调整尺寸。

现在的尺寸是横版的1080p，即画面分辨率为1920×1080像素，帧速率为25帧/秒。如果是投放在移动端的话，就需要再调整一个3:4竖屏、宽高尺寸不低于800的版本。

其实在Premiere升级到2020版以后，可以通过执行菜单的"序列"→"自动重构序列"命令，来任意调节序列的长宽比例。但本案例中有大量的字幕，如果使用"自动重构序列"命令，会使一些文字被切出画面，因此本章先使用传统调整序列比例的方法来制作。

执行菜单的"文件"→"新建"→"序列"命令，在弹出的"新建序列"窗口中，进入"设置"面板，设置编辑模式为"自定义"，将

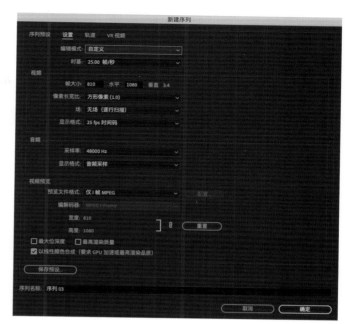

图7-46　设置竖屏序列

"帧大小"设置为810×1080像素，这样在高度不变的情况下，可将画面比例调整为3:4竖屏，按下"确定"键，这样就在项目中新建了一个3:4竖屏的新序列（图7-46）。

将之前剪辑的1080p横屏序列拖到新序列的时间轴上，这时会弹出"剪辑不匹配警告"窗口。这是因为两个序列的尺寸不一致，Premiere会询问是以哪个序列的尺寸为准。如果点击"更改序列设置"按钮，就会以拖入的素材设置为准。但现在是要剪辑竖屏版本，因此肯定要点击"保持现有设置"，这时就会以现在的竖版序列设置为准了（图7-47）。

图7-47　"剪辑不匹配警告"窗口

现在的操作实际上就是序列套序列，把之前的横屏序列作为一个整体，放入新的竖屏序列中。这样在竖屏序列中，只会保留画面最中间的部分，其他部分就会被裁掉。拨动时间滑块看一下，有些镜头是没问题的，但有些镜头的字幕会被部分裁掉。这种情况就需要回到原横屏序列里进行调整，以保证字幕的完整性（图7-48）。

图7-48 竖屏序列中的显示效果

返回横屏序列中，对字幕显示不完整的镜头逐一调整。因为比例问题，有些字幕需要重新调整大小和位置。调整以后要进入竖屏序列中观察一下，确保字幕能够在画面中完整地展示出来（图7-49）。

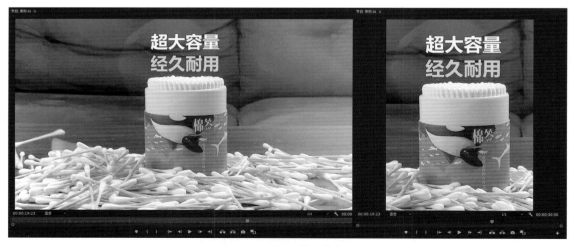

图7-49 重新调整字幕位置

全部调整完以后，就可以进行最终的成片输出了。

有些平台对上传的短视频尺寸有严格的要求，如果规定的尺寸大小和现有序列不匹配，但比例相同的话，可以在"导出设置"面板中，取消宽度和高度属性后面的勾选，即可直接调整输出宽度和高度的数值（图7-50）。

图7-50　调整导出宽度和高度的数值

　　如果平台对上传视频的体积大小有限制（有些会要求200MB以内），可以调整"目标比特率"的数值，以匹配平台的要求。

　　全部设置完以后，按下"导出"按钮，就可以输出成片了。

这不仅是一本视频制作学习用书
更是您的高效阅读解决方案

建议配合二维码一起使用本书

▶ **本书精心准备线上阅读资源:**

 视频作品 ☑ 22个视频作品展示,您可以欣赏、借鉴,从中领悟视频制作的细节要点与呈现风格。

学习助手 ☑ 为您提供专属学习服务,满足个性学习需求,促进多元学习交流,让您学得快、学得好。

▶ **本书特配读者交流群:**

读者交流群 ☑ 让您与其他读者一同交流阅读心得,探讨视频制作从入门到实战的高效学习方法。思路碰撞,开拓视野,让您的视频制作更加精进。

▶ **配套资源获取步骤:**

第一步 扫描本页二维码

第二步 关注出版社公众号

第三步 选择您需要的资源或服务,点击获取

微信扫码
获取本书配套资源及服务